神奇的太阳系

本书编写组◎编

SHENQI DE TAIYANGXI

为了使青少年更多地了解自然热爱科学我们精心编写了这本书这是一本科学性和趣味性并存的著作，希望青少年朋友能在轻松的阅读中了解变幻莫测的大千世界，了解人类与自然相互依存的历史。只有这样，我们才能更理智地展望未来。

世界图书出版公司
广州·北京·上海·西安

图书在版编目（CIP）数据

神奇的太阳系/《神奇的太阳系》编写组编 . —广州：
广东世界图书出版公司，2009. 11 （2024.2 重印）
ISBN 978－7－5100－1221－1

I. 神… Ⅱ. 神… Ⅲ. 太阳系－青少年读物 Ⅳ. P18－49

中国版本图书馆 CIP 数据核字（2009）第 204886 号

书　　名	神奇的太阳系
	SHEN QI DE TAI YANG XI
编　　者	《神奇的太阳系》编写组
责任编辑	罗曼玲
装帧设计	三棵树设计工作组
出版发行	世界图书出版有限公司　世界图书出版广东有限公司
地　　址	广州市海珠区新港西路大江冲 25 号
邮　　编	510300
电　　话	020-84452179
网　　址	http://www.gdst.com.cn
邮　　箱	wpc_gdst@163.com
经　　销	新华书店
印　　刷	唐山富达印务有限公司
开　　本	787mm×1092mm　1/16
印　　张	13
字　　数	160 千字
版　　次	2009 年 11 月第 1 版　2024 年 2 月第 10 次印刷
国际书号	ISBN　978-7-5100-1221-1
定　　价	49.80 元

前　言

　　人类和动植物生活在地球之上，地球又是围绕着太阳进行公转和自转。地球同太阳、月球、水星、金星、火星、木星、土星、天王星、宴王星以及各种大气、星云，进入太阳系的小行星等，共同构成了太阳系大世界。

　　我们观察和研究太阳系的历史已经有数千年了，其中也有许多伟大的科学家和令人振奋的发现，但总的来说，我们对太阳系各大星球的认识，还处在起步阶段，关于太阳系及其成员的更多知识，还需要进一步地探索和研究。

　　《神奇的太阳系》是一本介绍太阳系大家族各个成员的相关知识的科普读物，主要包括：太阳系综述，细说太阳系的家长——太阳，美丽的卫星——月球，我们的生命家园——地球，探索火星、金星、水星，探秘土星、木星，探秘海王星和天王星，太阳系的未解谜案等内容。

　　书中，你可以看到有关太阳的各种有趣的现象、月球和地球的神秘关系，了解火星为什么被称为火星、冥王星是否有资格成为太阳系第九大行星的争议等知识。

　　本书是为青少年提供内容丰富多彩的太阳系科学信息、科普知识的综合性书籍。书中图文并茂，语言浅显易懂，有助于广大青少年读者朋友更好地理解内容，更有兴趣地投入到关于

太阳系的科学研究中。

人类探索太阳系的脚步依然在不断加快着，随着中国、美国等航天大国更多的太阳系科普研究探索活动的开展，我们一定能够了解更多的宇宙、太阳系的相关知识，发现更多的奥秘。

如果有机会，你也许会成为一位研究太阳系的专家呢！

读者朋友，请让我们开始这次神奇、梦幻般的太阳系科普之旅吧。

编者

目　　录

第一章　太阳系综述

第二章　细说太阳

第三章　美丽的卫星——月亮

第四章　我们的生命家园——地球

第五章　探索火星、金星和水星

第六章　探秘土星和木星

第七章　探秘海王星和天王星

第八章　太阳系的未解谜案

第一章 太阳系综述

太阳系及其起源

太阳系是由太阳、大行星、卫星、小行星、彗星、流星体，以及星际物质构成的一大天体系统。太阳系的范围极其广阔，如果以冥王星的轨道作为它的空间边界，那么它的空间直径长达 120 亿千米，人类赖以生存的地球就运行于其中。在庞大的太阳系家族中，太阳的质量占太阳系总质量的 99.86%，是太阳系的中心，而八大行星以及数以万计的小行星所占的比例极其微小。千万年来，它们始终沿着自己的轨道绕着太阳运转，同时，太阳又慷慨无私地奉献出自己的光和热，给太阳系中的每一个成员，促使它们不断地发展和演变。

在太阳系家族中，与太阳相隔最近的行星是水星，向外依次是金星、地球、火星、木星、土星、天王星和海王星。在八大行星当中，只有五颗能用肉眼看到。对这五颗星，各国命名不同，我国依据古代的五行学说，用金、木、水、火、土这五行依次把它们命名为金星、木星、水星、火星和土星。由此可知，水星与木星的的命名并不是因为水星上有水、木星上有树木的缘故。而欧洲呢，则是用罗马神话人物的名字来给它们命名。近代发现的两颗远日行星，西方用神话人物的名字为它们命名，称其为天空之神和海洋之神，译为中文就是天王星和海王星。八大行星与太阳按体积由大到小排序为太阳、木星、土星、天王星、海王星、地球、金星、火星、水星。它们按质

量、大小、化学组成以及和太阳之间的距离等标准，通常分为三类：类地行星（水星、金星、地球、火星）；巨行星（木星、土星）；远日行星（天王星、海王星）。它们在公转时有共面性、同向性、近圆性的特征。在火星与木星之间存在着数十万颗大小相异、形状千差万别的小行星，天文学把这个区域称为小行星带。除此以外，太阳系还包括不计其数的彗星和数目众多的游客——流星来访。

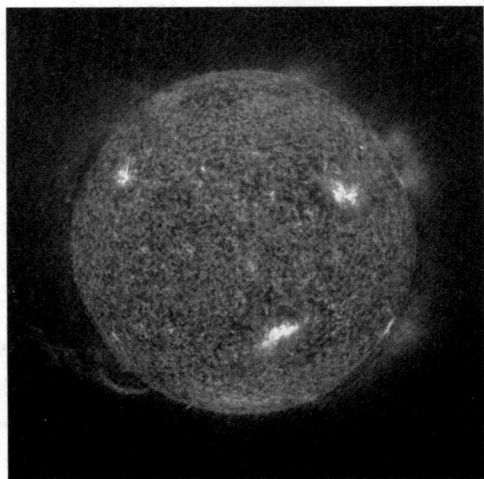

人类对太阳系的研究，最早可追溯到 17 世纪中叶，至今已有 300 多年的历史。关于太阳系的研究主要包括两方面内容：①太阳系的物质从哪里来；②这些物质又怎样形成行星的。粗略统计一下，各个时代的研究者提出的太阳系起源与演化学说已有数十种之多。按行星的物质来源，可将其大致

巨大的火球——太阳

分成四类：星云说、俘获说、灾变说和双星说。

早在 1644 年和 1745 年，法国数学家笛卡儿和法国著名博物学家布丰都曾提出过各自的太阳系起源学说。他们的学说科学价值虽然不大，但却由此揭开了研究太阳系起源的序幕。

笛卡儿在《哲学原理》一书里，最早提出了原始太阳星云的概念。他猜测，太阳系是太空混沌之时，物质微粒在宇宙旋涡中逐渐形成的。原初物质在各种旋涡中因摩擦而变得匀滑，落入旋涡中心的原初物质形成了太阳；而被旋涡俘获的其他原初物质则形成了地球和其他行星，卫星在次级旋涡中形成；较细微的残余物质向四周散去，形成透明的天空。笛卡儿的"以太旋涡说"是近代第一个关于太阳系起源的星云假说，由于这

一学说发表在万有引力定律问世之前，一些观点与不久后诞生的牛顿引力理论相矛盾，因而遭到了牛顿的批驳，所以并没有产生广泛的影响。

一个世纪之后，布丰在他的巨著《自然史》中提出了行星形成的"灾变说"。他认为，太阳系的行星系统是由星际空间闯来的一颗彗星和太阳相撞而形成的。他用超凡的想象力生动地为人们描绘了这样一幅情景：一颗拖着明亮长尾巴的"司命彗星"，从当时孤零零的太阳边缘上擦过，在太阳巨大形体上撞下一些"小团儿"，它们在冲击力的作用下进入空间，并开始自转起来，最终形成了今天的行星。

布丰学说问世的200多年间，太阳系的起源一直是科学界最为困惑而又最具魅力的问题之一。围绕着这一问题又出现了一些新的观点，但理论的钟摆却一直在笛卡儿星云说和布丰"灾变说"之间摆来摆去，无法取得突破，无法取得一致意见。

到了17、18世纪，欧洲科学界开始盛行"宇宙不变论"的思潮，当时的牛顿就曾思考过太阳系的起源问题。他在1692年写给本特利主教的信中，就讨论了太阳系由弥散于太空的物质受万有引力作用聚集而成的可能性。但他觉得有两个现象无法解释：①为什么适宜于形成发光体的物质聚在一起，演变成了太阳；而其余不透明的物质则另外聚成较小的星体，变成了不发光的行星。②为什么行星绕太阳的运转轨道具有同向性、共面性和近画硅的特征。他认为之所以如此，唯一的解释就是这一切为全智全能的上帝的安排，是上帝的"第一次推动"给了太阳系行星运动以原动力。

1755年，德国哲学家康德出版了《自然通史和天体论》一书，书中详细论证了一个宇宙星云是如何在万有引力作用下凝聚成太阳系的。它的副标题是：根据牛顿定理试论宇宙的结构及其力学起源。不同于笛卡儿的哲学思辨，这是第一个科学的太阳系起源星云假说。康德的基本思路是：尘埃微粒云—团块—太阳、行星和卫星。

康德认为，太阳系是从宇宙空间中同一团原始星云演化而

来的，这团弥散物质的主要成分是尘埃微粒。起初，原始星云很稀薄，在万有引力的作用下，大而密集的微粒开始吸引小而稀的微粒，逐渐聚集成大的物质团块。星云中心部分引力最大，聚集的物质最多，先形成太阳；外围的微粒在下落时相互碰撞，改变方向，变成绕中心的圆周运动，形成了绕同一方向运动的云盘，之后再聚集成行星；卫星也是以类似的方式和机制形成的。

星云

起初，康德的星云说并未引起公众的注意，直到 1796 年法国数学家拉普拉斯在《宇宙体系论》中提出另一个星云说，40 年前的康德星云说才被人们想起。虽然拉普拉斯和康德的星云说有许多不同之处，但他们均认为太阳系中的各种天体是由同一原始星云演化形成的，据此，学术界把他们的理论并称为"康德—拉普拉斯星云说"。

拉普拉斯星云说由于从数学和力学两方面进行了论证，其学术内容比康德星云说更为完善，所以这一学说在当时被公认为是关于太阳系起源的一个较为成功的理论。

1859 年，英国物理学家麦克斯韦在研究星云说时，遇到了明显无法解决的矛盾，他指出拉普拉斯星云说中的高温气体环，不可能凝聚成行星。经过计算表明，如果太阳系的这几个行星，是由原来均匀散布在整个太阳系空间内的物质所形成，那么，这些物质的密度显然是太低了，根本无法凭借彼此间的万有引力聚集成各个行星。因此，太阳收缩时甩出去的物质，将永远保持着环型状态，正如土星环的情况一样。

1862 年，法国科学家巴比涅对星云说的角动量分布提出了质疑：为什么质量占太阳系总质量 99.86% 的太阳，其角动量

只占太阳系总角动量的 0.6％；而大行星的质量总和仅是太阳质量的 1/700，其角动量之和却超过太阳角动量的 100 倍？

正是在康德—拉普拉斯星云说遇到诸多无法解释的困难的情况下，20 世纪初叶，"灾变说"又一度盛行起来。

1900 年，美国地质学家张伯伦和天文学家摩尔顿合作提出了"星子说"。他们认为，曾有一颗恒星运行到离太阳只有几百万千米的地方，引力作用在太阳表面形成两股螺旋状气流，两股气流合在一起脱离太阳形成一个绕太阳旋转的气盘。气体经由液态而凝成许多固体质点，再聚集成固体块即"星子"，之后通过不断吸积，经由行星胎和卫星胎而演化成行星和卫星。

在今天，探索和发现我们生存的太阳系中每一个未知角落的奥秘成为科学家们最主要的任务。在 21 世纪的头 15 年里，科学家们的主旨研究方向是努力搞清楚太阳系及其行星的诞生和形成，以及地球的生存条件是什么。另外的课题是，探索火星过去与现在存在的方式，以及"气体行星"木星和土星卫星的情况。人类还将在月球、火星、谷神星（一个位于木星和火星之间，体积相当于月球 1/2 的小行星）建立一系列的太空观测基地。但是遥远的距离和恶劣的生存条件，使人类无法实现到太阳系以外星系旅行的心愿，所以科学家们将主要依靠无人驾驶的自动宇宙飞船对其进行探测。在 21 世纪的前数十年，人类将有望访问火星和靠近地球的一些小行星。如果，处于发展中的太空探测火箭推进技术发生了根本性的创新，人类还有可能到土星做客。因为，地球

天文望远镜

离太阳系外星系极其遥远，就算最近的星系距离地球也有 4.3 光年，若使用目前最先进的宇宙飞船，也要连续飞行 20 万年以上才能抵达。所以，人类对太阳系外星系的访问仍将是漫长而遥不可及的事情。就目前而言，人类对于太空的探索仅仅是一个开端。

色彩斑斓的太阳系

说起太阳系中各个行星的表面颜色，一般我们会认为是"黄色"的。其实不然，太阳系原来是个色彩斑斓的花花世界。

（1）水星。从望远镜里看水星是棕黄色的，但水星的反射光谱说明它的表面颜色更近似于月球，呈深棕灰色。

（2）金星。宇宙飞船拍摄的金星是橙褐色，不过这只是橙色光被金星浓密的大气吸收造成的假象，其实金星表面是深棕黑色的。

（3）地球。太阳系中最美丽的也是唯一有生命的行星是地球。"海洋呈浓艳的天蓝色，云彩白中透亮，大陆深、浅褐色交织成网状结构"，犹如一幅悬挂在宇宙的油彩画。

（4）火星。并非人们传统以为的"红色"星球。望远镜中的火星像一块被光照亮的巧克力，很接近橙色。反射光谱表明，火星表面是深棕黄色。

（5）木星。其真实颜色是浅黄灰色。

（6）土星。与木星表面颜色相似。

（7）天王星。从望远镜中就很容易观测到天王星的表面是淡淡的海蓝色。

（8）海王星。圆面太小、亮度太暗，它们是什么颜色，目前仍然还是个谜。

太阳系的卫星们也是各具特色。

（1）月球。所谓"银色"的月亮并不存在，月球的视颜色会随太阳的照度而变化，背太阳的一面呈深灰色，迎太阳的一面为明亮的黄棕色。

（2）木卫一。给人的错觉是鲜艳的橙黄色，其真实颜色至今尚无人知晓。

（3）土卫六。与金星一样被云层包围，它的反射光谱表明它的颜色是浅青褐色。

太阳系中还有许多其他卫星和无数小行星，它们的色调大都比火星和天王星浅，并随着与太阳距离的远近变化而变化，离太阳越远，其颜色也由深变浅，由棕灰色变成黄灰色，又变成黄白色，变幻无穷，奇妙非凡。

趣话黑洞

黑洞是一种极为奇特的天体，它既不像恒星，更不像行星，严格来讲它并不是星，而只是宇宙空间中一个特殊的区域。这个区域的表面是一个封闭的球面，人们称之为视界。黑洞的视界是一个比魔术师手中的魔杖还奇妙的东西。它将黑洞的内部与外部空间完全隔离开来，外来的辐射和物质可以进入视界内部，而视界中的任何物质都不能跑到视界之外来。

黑洞的视界还有一个很有趣的性质。由于黑洞的强引力作用，牛顿引力定理在黑洞附近的空间早已变得不适用了。而根据广义相对论，强引力场使黑洞附近的时间变慢，并且离视界越近，时间变得越慢。如果把一个时钟放在黑洞的视界上，时钟就会停顿。时间是一种频率的周期性过程；同时间一样，其他频率的周期性过程在黑洞附近也会发生频率变慢的情况。频率变慢即波长变长。因此，天体越靠近黑洞，它的光谱红移就越大。

黑洞附近的强引力场不仅可以使时间变慢，还能使经过它附近的光线发生严重弯曲。而且引力场越强的地方，光线弯曲的程度也就会越大。

黑洞的表面是一个奇妙的视界，那么黑洞的内部又是怎样的情况呢？

由于黑洞中心的引力无穷大，因此黑洞视界内的物体不能

保持静止，也不能像地球绕太阳旋转一样以稳定的轨道绕黑洞中心转动。任何物体一旦进入黑洞的视界，都必将以光速向黑洞中心坠落。由于黑洞内部的引力十分强大，它的起潮力也异常强大。任何进入黑洞视界的物质，都会被无比强大的起潮力撕扯得粉碎，从而完全丧失它原来所具有的各种物质属性。这些被粉碎的物质彼此极为紧密地挤压在一起，成为一个密度无限大而体积为零的点。人们称这一点为中心奇点。在奇点四周，黑洞视界以内的其他地方则都是空空荡荡、一无所有的。对于外界观测者来说，黑洞是一个统一的整体，它只有质量、电荷和角动量这三个基本物理量。

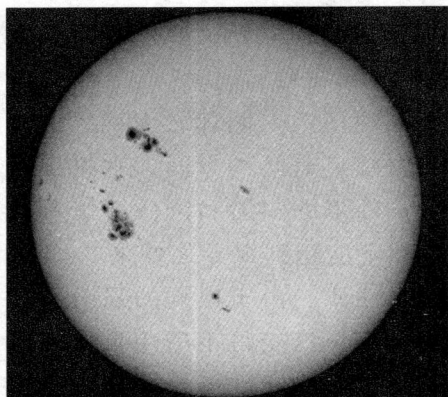

太阳黑子

这就是根据广义相对论得到的黑洞形象：一个由封闭球面所围成的暗黑而空虚的空间，它中心的一点密度为无穷大。

关于黑洞问题的研究让无数科学家为之着迷，然而，宇宙空间中真实的黑洞究竟在哪里呢？时至今日，寻找黑洞的工作也进行了几十年，黑洞究竟找到了没有呢？

由于黑洞是根本看不见的，所以搜寻黑洞的工作显得极其困难。要寻找它，只能从它对外界的作用入手。

经过数十年比较广泛深入的观测和研究，目前，在科学家的心目中，黑洞到底是一种什么样的天体呢？

起初，天文学家们希望，黑洞恰巧是双星系统中的一个成员，在它围绕着双星系统中另一颗星旋转时，就能将它察觉和确定出来。他们在这方面也确实做了大量的观测和搜寻工作。轰动一时的黑洞候选者——御夫座星的伴星就是通过这样的观测之后被提出来的。

御夫座星是交食变星，也是分光双星。它的主星是一颗十分明亮的超巨星，人类的肉眼即可看见。当它的伴星通过主星前面把很亮的主星挡住时，整个双星系统就变得非常暗。而在非交食期间，伴星又完全看不见。这颗看不见的伴星会是一个黑洞吗？只能说有这种可能，因为目前的观测资料还不能排除其他可能性。

空间探测技术的发展为黑洞的搜寻工作又开辟了一条新的、有效的途径。黑洞的强引力场使其周围带电物质以巨大的速度沿螺旋形曲线绕黑洞旋转，并逐渐向黑洞坠落。在这个过程中，这些带电物质就会发射出很强的 X 射线，形成空间中的 X 射线源。因此，对宇宙太空中 X 射线源的观测，很可能会帮助人们找到黑洞。但是 X 射线不能穿透地球大气层到达地球表面，所以需要用火箭、气球或者卫星到大气层以外去观测才行。

天文学家通过大量大气外观测工作，发现太空中有许多发出 X 射线的天体——X 射线源。这些 X 射线源中有一些是双星的一个成员，而这些包含在双星中的 X 射线源有可能就是黑洞。

在已发现的众多的 X 射线双星中，已经被证实它们的 X 射线大多数是由中子星发出的，并不是黑洞。只有天鹅座 X－1 被天文学家公认为是目前最有希望的黑洞候选者。

天鹅座 X－1 的主星是一颗蓝超巨星，视星等为 9 等，用一架小型天文望远镜即可观测到。天文学家通过对它的观测和分析，发现有大量的气体物质正源源不断地从这颗蓝超巨星流向它那个光学望远镜看不见的 X 射线伴星。而且天文学家还计算出这颗伴星的质量远远超过了中子星的质量极限，因此它很可能就是黑洞。然而，科学家们目前也还不能排除它不是黑洞的可能性。所以，时至如今，天鹅座 X－1 也还只能是一个黑洞的"最佳候选者"。

经过科学家们几十年的努力，黑洞的理论研究工作有了很大的进展，黑洞的实际搜寻工作也硕果累累。然而，围绕着黑

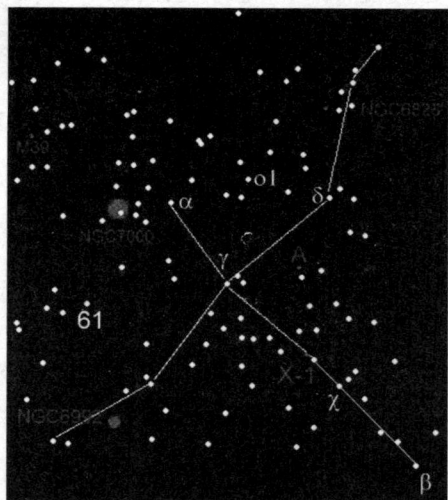

天鹅座示意图

洞问题至今仍有许多谜团还未解开。

首先，黑洞这种天体在现实世界中是否确实存在，目前还有疑问。尽管由于广义相对论是当今最好的引力理论，并且它已经经受了许多实验和观测的考验，因而人们相信它所预言的黑洞是存在的。但是，由于黑洞理论中还有诸多未解决的难题，黑洞的搜寻也还缺少十足的证据。因此，科学家们对黑洞的存在目前并没有百分之百的把握。

其次，黑洞理论中尚有一些目前无法解决的难题，例如黑洞的中心奇点问题。黑洞的中心奇点状态是根据广义相对论得出来的，显然这种状态是不可能存在的。然而，黑洞中心不是奇点状态，又应该是怎样的一种状态呢？黑洞中心奇点问题的提出，说明在黑洞中心附近极为特殊的物理条件下，广义相对论理论可能已经不再适用，需要有新的正确理论来取而代之。当然，提出一个全新的让人信服的理论并非易事，它吸引着许多科学家跃跃欲试。

随着时间的推移，黑洞之谜必将逐步并彻底被揭开。同时，黑洞问题的解决也必将会给人类对自然界的认识带来新的飞跃。

揭秘白洞

白洞与黑洞一样，也是根据广义相对论理论所预言的一种天体，它的存在至今也没有得到实际观测的证实。

20 世纪 60 年代以来，由于空间探测技术在天文观测中的广泛应用，人们陆续发现了宇宙中存在许多高能天体物理现象，例如宇宙 X 射线爆发、宇宙 Y 射线爆发、超新星爆发、星系核的活动和爆发以及类星体、脉冲星，等等。

这些高能天体物理现象用人们已知的物理学规律已经无法解释。就拿类星体来说吧，类星体的体积与一般恒星相当，而它的亮度却比普通星系还亮。类星体这种个头小、亮度大的独特性质，是人们先前从未见到过的，这就使科学家们想到类星体很可能是一种与人们已知的任何天体都迥然不同的天体。

如何解释类星体现象呢？科学家们提出了各种各样的理论模型。前苏联的诺维柯夫和以色列的尼也曼提出的白洞模型理论，引起了大家的注意，白洞概念就这样问世了。

那么，白洞到底是怎样的一种天体呢？

黑洞有一个称为视界的边界，无论是光还是其他任何物质，都只能进入它的视界，而不能从它那里逃逸出来。这是黑洞最基本的特性，而白洞的特性则与之截然相反。

依据广义相对论，白洞也有一个类似于黑洞的封闭边界，然而与黑洞不同的是，白洞内部的物质和各种辐射只能经边界向外运动，外界的物质和辐射却不能通过其边界进入它的内部。也就是说，白洞可以向外界提供物质和能量，却不能吸收外部的任何物质和辐射。说得形象一点，它就像是一个源源不断向外喷射物质和能量的源泉。因此，天文学家们又把白洞称为"宇宙中的喷射源"。

既然白洞概念是在解释高能天体物理现象时提出来的，那么白洞与高能天体间究竟有怎样的联系呢？

白洞是一个物质只出不进的天体，但是，对于外部区域来说，白洞也是一个强引力源。它能把周围的尘埃、气体和各种辐射不断地吸引到它的边界上来，只不过这些物质并不能进入白洞的内部，只能在边界外形成一个包围白洞的物质层。

白洞内部，中心奇点附近所聚集的物质是一种超高密态的物质，其中包含各种基本粒子，并且还聚集着极其巨大的能

量。起初，这些物质是处于某种平衡状态，但它们具有向外膨胀的趋势。当由于某种原因引起膨胀时，物质密度就会在膨胀过程中不断降低。降低到一定程度，就会引起粒子的衰变过程，从而将各种高能粒子、光子、中微子等发射出来。

从白洞内部发射出来的物质都具有很高的速度，而被白洞吸引到其边界上的物质也具有很高的速度。不难想象，这样的进进出出，又都是高速度，它们在白洞边界上的碰撞该有多么的猛烈。随着猛烈的碰撞，必然就会有异常巨大的能量被释放出来。

假若类星体或活动星系核的中心有大质量白洞存在的话，那么，它们所释放的巨大能量就可以看成是白洞向外的喷射物与其边界上吸积物相互作用的结果。这也就是白洞对高能天体物理现象能源之谜的一种解释。

关于白洞是怎样形成的，目前科学家们持有两种不同的见解。

一种得到多数天文学家认同的观点是：当宇宙诞生的那一时刻，即当宇宙由原初极高密度、极高温度状态开始大爆炸时，由于爆炸得不完全和不均匀，可能会遗留下一些超高密度的物质暂时尚未爆炸，而要再等待一定的时间以后才开始膨胀和爆炸。这些遗留下来的致密物质即成为新的局部膨胀的核心，也就是白洞。

有些致密物质核心的爆炸时间已经延迟了大约100亿年或200亿年（这要看宇宙的年龄是100亿年还是200亿年，而宇宙的年龄目前也是一个未解之谜）。它们的爆炸，就导致了我们今天所观测到的宇宙中各种高能天体物理现象。因此，白洞又有"延迟核"之称。按照延迟核理论，100亿或200亿年之前，我们的宇宙就是一个巨大的白洞。

除了延迟核理论之外，另一种观点认为，白洞可直接由黑洞转变过来，白洞中的超高密度物质是由引力坍缩形成黑洞时获得的。

传统的黑洞理论认为，黑洞只有绝对的吸引而不向外界发

射任何物质和辐射。20世纪70年代，卓越的英国天体物理学家霍金，根据广义相对论和量子力学理论，对黑洞做了进一步的研究，并对传统的黑洞理论做了重大的修正。霍金对黑洞的见解轰动了科学界，他因此获得了1978年的爱因斯坦奖金。

霍金认为，黑洞具有一定的温度，会以类似于热辐射的方式稳定地向外发射各种粒子，这就是所谓的"自发蒸发"。黑洞的蒸发速度与黑洞的质量有关，质量越大的黑洞，温度越低，蒸发得越慢；反之，质量越小的黑洞，温度越高，蒸发得越快。譬如，质量与太阳相当的一个黑洞，约需1066年才能够完全蒸发完，而一些原生小黑洞，却能在10～23秒之内蒸发得一干二净。

著名物理学家史蒂芬·霍金

黑洞的蒸发使黑洞的质量减小，从而使黑洞的温度升高，这样又促使自发蒸发进一步加剧。这种过程继续下去，黑洞的蒸发就会愈演愈烈，最后以一种"反坍缩"式的猛烈爆炸而告终。这个过程正好就是不断向外喷射物质的白洞了。

目前，这种白洞是由黑洞直接转变过来的观点，也越来越引起各国科学家们的关注。

由于白洞概念提出之后，用它可以解释一些高能天体物理现象，所以引起了不少天文学家对白洞的兴趣，继而人们也对白洞问题做了一些深入的探讨和研究。

尽管如此，科学家们对白洞的兴趣还远远比不上像对黑洞的兴趣那样浓，对白洞的研究也远远比不上像对黑洞的研究那样广泛和深入，并且在观测认证工作方面，也不像黑洞那样取

得了很大的进展。

总而言之，白洞学说目前还只是一种科学假说，宇宙中是否真的存在白洞这种天体，白洞是怎样形成的，我们的宇宙在它诞生之前是否真是一个白洞等有关白洞的这一系列问题，都是等待人们去揭开的宇宙之谜。

无处不在的引力

引力是什么呢？茫茫的宇宙由无数个星系、天体组成，这些天体沿着各自的轨道井然有序地运转，组成一个和谐的宇宙大家庭，是什么神奇的力量把这些天体组合在一起的呢？人们认为是引力。然而引力的实质是什么呢？著名科学家牛顿提出了万有引力定律，认为天体间因有质量而有引力，并且发现了引力对一切物体的作用性质都是相同的。例如，当地球引力把任何一个物体吸引到地面时，其加速度是 9.8 米/秒^2。很显然，牛顿所提出的引力，实际上就是重力。但是引力是如何实现的呢？它的作用机制是什么？万有引力定律无法做出解释。

引力与电力有相似之处，如二力均与物体间距离的平方成反比，与两物体所带力荷（引力是质量，电力是电荷）的乘积成正比。但二力的比例系数相差悬殊，电力远远大于引力。例如，在氢原子中，原子核与电子间的电吸引力是它们间引力的 1040 倍！二力间还存在一些其他的差别，如（两物质的）同性电荷间存在相互排斥力，异性电荷间存在吸引力，而万有引力却总是吸引力。

1916 年爱因斯坦广义相对论的问世，提出了崭新的引力场理论。他认为由引力造成的加速度，可以同由其他力造成的加速度区分开来。这个命题就是爱因斯坦的等价原理，即一个加速系统与一个引力场等效。我们设想，一个人在远离地球的太空中乘一架升降机上升，上升的加速度为 9.8 米/秒^2，由于速度变化产生了阻力，这个人双脚会紧紧压在升降机的底板上，就像升降机停在地球表面上不动一样，但无法说明它所受到的

是引力还是惯性。因此，牛顿所说的万有引力，在爱因斯坦看来，根本不是什么引力，而是时空的一种属性。在这种成曲线的四维时空连续体中，根本不需引力。天体是按自己应有的曲线轨道运行的。

1918 年，爱因斯坦根据引力场理论预言有引力波存在。他认为高速运动着（加速运动）的物质会辐射引力，引力波就是这种引力的载体，就像光波是电磁力的载体一样。引力波的速度与真空中的光速相同。例如，在太阳和地球之间就是靠引力波传递引力子而实现相互作用的。因此，引力波存在与否，是广义相对论的又一个关键性验证。引力波非常微弱，据计算，用一根长 20 米、直径 1.6 米、重 500 吨的圆棒，以 28 转/秒的转速绕中心转动，所产生的引力波功率只有 2.210～29 瓦；一次 17000 吨级核爆炸，在距中心 10 米处的引力波充其量也只有 10～16 瓦/平方厘米。因此，引力波在目前还无法直接测量。

牛顿像

按照爱因斯坦的理论，自然界也应存在引力波，正如电荷的运动会产生电磁波一样，物体的运动也会产生引力波，引力波的传播速度为光速。这是电力与引力之间又一个重要的相似特性。但只有宇宙中具有巨大质量（几倍于太阳质量）的运动天体才可能产生强烈的引力波。

最早着手检测引力波的是美国马里兰大学的物理学家韦伯博士。20 世纪 60 年代，他建立了世界上第一套引力波检测装置：一根长 153 厘米、直径 61 厘米、重约 1.3 吨的圆柱形铝

棒——后人称之为韦伯杆，横搭在由两个铁柱子支着的钢丝上。铝杆质量虽大，钢丝却几乎无丝毫振动。韦伯推测，铝杆若能接收到来自太空的一束强引力波，就会摆动起来，但摆动很可能是很轻微的，他估计摆动幅度可能只有原子核直径那么大，附近卡车开过等引起的地面震动均可能导致韦伯杆产生如此幅度的振动。

为确认检测到的确实是引力波，韦伯还在 1000 千米之外的芝加哥阿岗国家实验室安装了一个类似的仪器。他想，假如有一个引力波扫过整个太阳系的话，则两个仪器都会同时做出同样的反应。

1969 年 6 月，韦伯宣布检测到了引力波。但后来科学家用更精确的仪器再也没能检测到，现在一般认为，韦伯的实验结果有误。

韦伯检测器工作在室温（27℃左右）环境，由于受分子热运动噪声的限制，最高灵敏度只能达 10～16 量级，用来检测引力波尚不可能。1974 年美国人泰勒领导的实验小组，用射电望远镜对天空扫描，发现了离地球 1.5 万光年的一颗脉冲星发出的脉冲信号，又经过近四年的观测，间接证实了引力波的存在。

脉冲星是急速旋转的中子星，这个中子星的内部停止了核燃烧而被压得极端紧密。它与另一个中子星一起相互绕转，构成一个双星体系。按照爱因斯坦的理论，这个双星体系应能发射引力波，从而带走一些能量，使双星轨道慢慢缩小，周期慢慢变短。这些变化尽管都很微小，人们却可以从它们发出的脉冲信号到达地球的时间精确计算出来。

研究小组四年的观测表明：双星轨道周期总共减少了万分之四秒。这个结果恰好与爱因斯坦的理论相符。这是人类第一次间接证实了引力波的存在。可是，这毕竟是间接证明，还不能由此得出引力波真实存在的结论。

20 世纪 70 年代中期到 80 年代中期，出现了工作在低温条件下的第二代引力波检测器（韦伯检测器为第一代）。如美国

斯坦福大学建成了低温引力波天线装置：天线是圆柱形的铝棒，长3米，重4.8吨，工作在液氮温区，灵敏度非常高，达5×10^{-19}量级，能检测出振幅约为千分之一原子核半径或者一百万亿分之一头发直径的振动。

日本东京大学平川诺平教授的引力波检测工作也令人耳目一新。他的众多实验，均以频率为千赫量级的高频引力波为检测对象，这是与科学家迄今所知道的最强天体引力波源相对应的。平川创制了一种共振

斯坦福大学标志建筑——钟楼

低频引力检测器（方形或扭摆型天线），明确以蟹状星云中的高速自转脉冲中子星 NP0531＋21 为检测对象，该星自转周期为33毫秒，所发引力波到达地面的强度为10～27量级。平川的引力波检测器分别设立在东京和筑波科学城，经在低温条件下的长时间积累，灵敏度已达10～25量级。在进入20世纪80年代之后，前苏联科学家乌恰耶夫又提出了"中微子引力论"。

传统观点认为，中微子不带电荷，无静止质量，它以光速运动，几乎不与物质发生作用，可以顺利穿过地球。但是近年来发现中微子还是有静止质量的，不过其质量极小。

科学上发现的中微子实际上有三类：电子类、介子类和介子类中微子。例如，在太阳核聚变反应中辐射的是电子类中微子，它们在到达地球前某个时候就已经变成了介子类或介子类中微子了。如果一类中微子能变成另一类，它们就必须具有一定的质量，有质量就可能对物体造成冲力。

乌恰耶夫以"中微子气"代替引力波，他认为在充满宇宙间的中微子气中，中微子以亚光速进行着杂乱无章的运动，其中一部分总是要被天体吸收的，结果每一天体都获得一种"脉

冲力",此脉冲力大小等于其吸收的中微子质量与其速度的乘积。在日地系统中,地球向日面承受的中微子流比背日面要弱,由此产生的脉冲力恰好抵消地球绕太阳运动的离心力。宇宙间各天体运动都可以如此解释,在这里根本不需要吸引力。

当然,这个理论只是一种假想,并没有实验事实作依据。不过由于中微子在宇宙演化过程中起着重要作用,对它的认识还有待进一步深化。因此,乌恰耶夫的说法或许是有一定道理的。那么,引力的本质到底是什么?是重力、引力波,还是中微子?近来,科学家又在改进检测器或创制新的检测器,以求检测到引力波。例如,美国计划分别在东西两岸建立臂长为3.2千米的激光检测器,经多次反射,总光程可达100千米,其灵敏度估计可达10～21量级。

前苏联科学家提出,引力既然能使空间弯曲,引力波将使空间弯曲程度发生改变,于是,电磁场就会因其存在空间的改变而改变,只要检测到这种改变,就算检测到了电磁波。

我国科学家提出,引力波会使物质的超流态发生改变。而罗马尼亚学者则提出,引力波将使约瑟夫森结电流受到影响。

太阳系的灾变

太阳和太阳系其他几大行星形成以后,经过几十亿年的漫长演化,已基本上成为一个稳定的天体系统。所有行星在自转的同时,也在围绕着太阳做公转运动。不过,专家们推测,5.8亿年前的太阳系与现在的太阳系在成员上有很大的不同,那时地球没有月球为伴,在太阳系的空间范围内,尚未有彗星出现;且在火星与木星之间运行着的是一颗类地行星,而不是现在的小行星带。那么,我们是根据什么做出这些推断的呢?这还要从行星的轨道分布说起。

太阳系行星的分布具有一定的规律性,各行星的轨道半径都符合提丢斯—波得定则。按照这一定则,人们猜想,在火星与木星之间,轨道半径在2.8天文单位的地方,应该运行着一

颗大行星。1801年元旦之夜，意大利西西里天文台台长皮亚齐果然在这一区域发现了一颗行星。但一经测算，未免令人感到遗憾，因为这颗行星的体积和质量简直太小了，直径不过800千米，质量只有地球质量的1/5000倍，根本无法与其他轨道行星相比，于是，人们把它命名为"小行星"。这就是人类发现的第一颗小行星——谷神星。

1802年，德国天文爱好者奥伯斯发现了第二颗小行星——智神星；1804年，德国天文学家哈丁发现了婚神星；1807年，奥伯斯又发现了灶神星。随着照相术在天文观测中的应用，闯入人们视野的小行星越来越多，迄今为止，发现并已正式编号的小行星已超过3700颗。据估计，在火星与木星之间的小行星可能有4万多颗，它们在这一区域形成了一条小行星带。

小行星的发现令天文学家们感到迷惑不解，在本应是大行星的轨道上，为什么运行的却是一群小行星呢？

为了解释这些小行星的起源，学术界可谓百家争鸣。在小行星发现之初，人们就曾猜想，在火星与木星之间原有一颗像地球或火星那样大的行星，因为不明原因发生了大爆炸，小行星带就是这颗类地行星爆炸后形成的。到了20世纪，这种"爆炸说"观点仍很盛行，前苏联科学院院士奥尔洛夫主张把假想中的这颗行星命名为"法厄同"星。

针对小行星半径较小的特点，美籍荷兰天文学家凯珀对小行星的形成提出了自己的观点——碰撞说。他认为，小行星是由5~10颗原行星碰撞碎裂而成的。他对小行星进行统计发现，半径小于10千米的小行星，数目与半径的关系大致符合由碰撞形成碎片的经验公式。火星与木星轨道之间的区域，物质密度之所以特别小，则是由于木星掠夺造成的。

除此之外，还有一种比较流行的观点认为，小行星不是由大行星爆炸或撞碎产生的，而是由原始弥漫物质凝聚而成的。小行星的早期演化同大行星的发育差不多：先形成较小的星子，进而形成较大的行星胎。一般情况下到后来，大行星的行星胎发育较正常，顺利地长大为行星；与之相反的是，火星与

木星之间因为密度低，行星"胎儿"都患了"营养不良症"，除了极少数略大一点外，个个像"小人国"里的侏儒。为此，人们又把这一假说称为"半成品说"。

小行星的起源是太阳系演化的重要组成部分，由于小行星带保留了太阳系演化过程中的许多信息，因而具有较高的研究价值。不过，前面提到的几种假说，并不能完全让人信服。爆炸说主要从人为灾变的角度探讨了小行星带的形成原因，这种观点有很大的随机性，涉及原因和机制等关键问题，依然是一片空白，因而也无法得到科学的认证。

碰撞说则把小行星带的起源推到了太阳系演化初期，但这一假说一经推敲，却是自相矛盾的。既然在同一轨道上能够同时诞生几颗行星，那么，它们之间的存在关系就应是相对稳定的，行星间不会发生碰撞，就像同轨道卫星的运行情况一样；否则，在同一轨道上，就不会形成这些行星。

小行星带示意图

"半成品说"则把小行星的形成归结为"流产的胎儿"，是发育不全的行星胎。实际上，这是把小行星带的轨道位置赋予了特殊的地位，小行星带是大行星的生产基地，这也是不符合行星演化规律的。

从理论上讲，太阳系演化的某一时期，在现在小行星的轨道上运行着一颗大行星，爆炸说的这一假设与行星形成理论是相符的。而导致大行星爆炸，演变成小行星的原因，碰撞说的观点又是比较合理的。但是这种碰撞不应发生在两颗行星之间，一种最大的可能性是，一个外来天体撞击到了"法厄同"星，导致了其星体爆炸。

早在 1749 年，法国博物学家布丰在解释太阳系行星的起源时，就曾设想，有一颗来自星际空间的彗星与太阳发生了碰撞，碰撞产生的碎块演化成了行星。虽然这种灾变说最终为人们所摒弃，但是这一学说的观点却有极大的启示意义。因为在太阳系漫长的演变过程中，我们不能排除星际物质侵入太阳系的可能性，这类事件一旦发生，太阳系行星的命运就难以预料了。

除此之外，我们还应该对太阳系的原始星云进行考察。因为天文学家们在望远镜中发现，银河系中存在着许多双星系统，仅在太阳附近 81.5 光年的范围内，双星就占了大约 40%。可见，在恒星的世界中，具有引力关系的双星系统占有相当大的比例。那么，太阳系的原始星云为什么没有演化为双星系统呢？是不是组成太阳伴星的物质与太阳发生了碰撞，而被吞食掉了呢？如果这一推断成立，那么太阳系在演化过程中，就必然发生过天体碰撞事件。

基于上述考虑，我们不妨对太阳系的演化做这样的假设：在太阳系演化初期，不规则的原始星云在收缩旋转过程中发生了断裂，其中较大的一块质量占总质量 80% 的原始星云，最终演化为原始的太阳；而较小的一块原始星云，因脱离了原始星云的主体，并以较大的速度被抛射出去，进入到了星际空间，但仍与太阳系保持着引力联系。据估计，这块较小星云团最远可运动到距太阳系中心 5 万天文单位的距离。在漫长的星际运行过程中，这块较小的星云团有相当一部分在星际空间弥漫散失，质量进一步减少，加之密度相对较低，最终也未能达到形成恒星的临界质量，因而没有成为第二个太阳，太阳系也因此没能成为双星系统。在 40 亿年左右的时间里，这块较小的星云体一直在太阳系外缘运动，受太阳万有引力的作用，渐渐向太阳系靠拢，慢慢地以螺旋形轨迹进入了环绕太阳的运动轨道。5.8 亿年前，星云体运动到了距太阳 100 天文单位处，接着，在太阳万有引力的作用下进入太阳系，从而引发了太阳系诞生以来最大的一场灾变。

撞入太阳系的星云体，在运动过程中体积被拉长而呈带状。其中80％的物质径直向太阳冲去，直接被太阳所吞没；而剩余的20％物质则与行星发生了激烈的碰撞与摩擦。星云体首先与"法厄同"星发生了正面碰撞，大量固体物质冲击行星表面，撞裂了星体的外壳，使得行星内部热能急剧喷发出来，引发"法厄同"星体发生了爆炸。爆炸使"法厄同"星由一个巨大的行星体分裂成无数碎块，碎块广泛分布于附近行星的轨道空间内，其中仍运行在原轨道上的碎块，就形成了今天的小行星带。

星云体裹带着"法厄同"星炽热的爆炸碎块继续向太阳系中心飞驰，进入了火星轨道。由于火星质量较小，只相当于地球质量的11％，因而，只吸引了较少的星云体转化为火星的大气，并俘获了两块质量较小的星体碎块绕其旋转，它们就是火卫一和火卫二。

星云体穿过火星轨道进入地球引力区，这时有一个相当于地球质量1.23％的星体碎块被地球俘获，形成了地球的天然卫星——月球。按理说，这时的地球同时俘获了许多质量较小的星体碎块，但是在地月之间无法形成稳定的运行轨道，最终都坠落到了地球和月球的表面，太平洋和月球上的环形山就是在这一时期形成的。月球形成之初，温度较高，以液态物质为主，因而在自身引力作用下，形成了标准的球体。同时，月球从星云体那里也吸引了一些气体物质，组成了自己的大气；但受地球的引力影响，这些大气最后又都散了。

星云体不仅给地球送来了月球，同时也给地球带来了大气和丰富的矿藏。大量天外物质撞向地球，引发了地球表面的大规模的火山爆发和地壳移动。

碰撞释放出了大量的热量，使地球温度急剧升高，地表层低熔点物质被蒸发到大气层中。此时大气层中混杂着俘获不久的星云气体和地面各种蒸发物，极为浑浊，漫天尘雾，暗而不透明。经过几百万年，地球向太空散发了大量的热量后渐渐"安静"下来，大气开始冷却，大气层中的一些高熔点物质和

比重较大的物质陆续降落到地面。其中，星云体中各种元素组成的矿物质在地壳表层形成了各种矿藏，如石油、煤炭、天然气和各类金属、非金属矿藏。又过了几百万年，大气层中的氢和氧发生了化学反应，生成了水分子。随着温度的下降，大量水分子冷却后降落到地表，形成了今天的海洋。海洋形成以后，通过水的调温作用，使地球表面出现了相对稳定的恒温世界，这时的大气开始渐渐透明，一个蔚蓝色的星球从此就在太阳系中诞生了。在距今 4.5 亿年前，生命演化的历程开始启动，碳氢有机化合物在海洋中汇集，形成了孕育生命的"原汤"，由此揭开了地球上生命繁衍的序幕。

越过地球轨道后，剩余的星云体继续前行，进入金星的引力范围。由于星云体是在金星运动的后方切入金星轨道的，被金星引力吸引的星云体逆金星自转方向旋转，软摩擦及引力的逆向牵引，改变了金星的自转方向，使原来自西向东的旋转发生了逆转，于是形成了金星今天这种自转方向和公转方向相反的运动状况。在金星周围，"法厄同"星的爆炸碎块也形成了几个天然卫星，但由于这些卫星的公转方向与金星的自转方向相反，经过几千万年至上亿年的演化，这些碎块的轨道半径越来越小，最终坠落到了金星的表面。这应该是金星没有卫星和大气如此混浊的原因吧。

剩余的星云体掠过金星继续前行，飞临今天的水星轨道半径区。传统理论认为，水星是在太阳系星云盘中产生的八大行星之一，但从水星的自身条件来看，这种观点却很难站得住脚。

水星距离太阳最近，轨道半径只有 5800 万千米，与太阳相比，水星的质量只是太阳质量的六百万分之一，半径只有太阳半径的二百八十分之一。如果把太阳比作一个西瓜，那么水星只有芝麻粒大小。在近距离范围内，要想产生对比如此悬殊的天体，是不合情理的。然而，如果把水星的直径 4880 千米与从太阳来的各个卫星相比，就会发现，水星的大小正好落在巨族卫星之列，与木卫四和土卫六极其接近。水星表面和月球

水 星

一样，凹凸起伏，环形山比比皆是，还有山脉、陡壁悬崖、盆地和平原，这些都与卫星的地表特征相似。水星的运动特征也具有一定的特殊性，水星绕太阳运行的轨道偏心率只有 0.2056，在八大行星中水星的轨道最扁；它的轨道倾角也是八大行星中最大的一个。水星的公转速度平均为 48 千米/秒，是太阳系中运动速度最快的行星。

因此，人们认为水星不是星云盘中产生的标准大行星，因而把它列为新诞生的小行星更为合理。我们有理由认为，水星与卫星及小行星具有共同的起源，是太阳俘获了"法厄同"星的爆炸碎块形成的。起初，在太阳周围形成了许多类似于水星的行星；但是，由于受太阳和金星引力的影响，没能形成稳定的运动轨道，最终都被淘汰了。水星在形成之初也是有大气的，与月球一样的原因，后来又都散失掉了。

星云体和"法厄同"星的爆炸碎块混合物继续前行，在轨道近日点接近太阳。这时，绝大部分物质在太阳周围形成了物质环，并做绕日旋转，最终被太阳所吞食。而一小部分物质则在惯性力的作用下，摆脱了太阳的束缚，向太阳系边缘冲去。

残余的星云体在向太阳系边缘的运动过程中，再次穿越木星和土星轨道，与木星和土星发生了近距离的接触，大量的气体云被木星和土星所俘获，冷却后降落于星体表面，使这两个行星体积急剧增大，变成了液态巨行星。由此可知，木星和土星的核是一个类地行星。由于木星和土星质量增大，引力作用

加强，因而俘获了大量"法厄同"星的爆炸碎块，形成了各自的卫星系统和光环。

越过木星和土星轨道，余下的星云体继续前行，进入了天王星和海王星的引力区。这时，有一块星云体混合物撞击在天王星的侧面，使天王星整个星体发生了翻转，最后改变了自转轴的方向，于是形成了黄赤交角为 97.9° 的奇怪现象。与木星和土星一样，天王星和海王星通过万有引力也俘获了大量的星云气体混合物，由类地行星变成了类木行星，形成了各自的大气和卫星系统。

当星云体和比例极小的"法厄同"星的爆炸碎块混合物运动至太阳系边缘，在 50～100 天文单位的地方散落下了一条微天体群带，即柯伊伯带；之后继续前行，滞留于距太阳约 5 万天文单位之处，这就是天文学家们所说的奥尔特云。在柯伊伯带—奥尔特云中，偶尔也有一些小的气体云团在行星引力的作用下，脱离母体，从太阳系边缘折回，当这些掺杂着固体碎块的混合物再次接近太阳时，就是我们在地球上所见到的彗星。因此，彗核具有类地行星的化学成分，否则在接近太阳时会蒸发掉。而彗发则以原始星云的化学成分为主，在远离太阳温度很低的情况下凝为固体，在接近太阳时受热喷发，像飘逸的长发舒展于星际空间。

上述过程就是 5.8 亿年前太阳系所经历的那场灾变，正是这场灾变，极大地改变了太阳系的组成和结构，也正是这场灾变，给地球带来了生命的契机，整个太阳系才成为今天的样子。

当然以上所有的描述都是未经证实的一种假想。

第二章　细说太阳

太阳因何发光

在我们的太阳系中，太阳是唯一自身能发光的天体。地球所接受的太阳光，仅仅是太阳全部辐射的 1/2200000000。然而，就是这一点点的太阳能量，一秒钟发出的热也相当于烧掉 700 万吨煤。而太阳已经这样剧烈地"燃烧"近 50 亿年了。即使太阳完全是由氧和质量最好的煤组成，也只能燃烧 2500 年。可见，太阳的光和热能，绝不是一般燃烧的结果。太阳是靠什么发光的呢？这是人类一直在探索研究的谜。

在古人的头脑里，太阳是一个熊熊燃烧的"大火球"。19 世纪中叶，德国一位科学家首次提出了太阳能源的科学理论：太阳的气体物质不断释放巨大热量的同时，因冷却而收缩。收缩时，物质向太阳中心塌陷，又产生热量，使太阳损失的热量不断得到补充。遗憾的是，这种说法仍有让人怀疑的地方：根据计算，太阳的直径每年收缩 100 米，所产生的热量就可以补充它的辐射损失。假使太阳最初的直径相当于矮行星冥王星的轨道直径，收缩到现在的样子，太阳也只能维持 2000 多万年的消耗。

也有科学家提出，是陨石落在了太阳上产生了热量、化学反应、放射性元素的蜕变，而引起太阳发光的。但这也无法解释太阳近 50 亿年来发出的巨大能量。

20 世纪 30 年代末，人类掌握了热核爆炸技术，又建立了

热核装置，于是科学家提出了新的假说：太阳是在进行着氢转变为氦的热核反应，这是太阳以及所有恒星的能源。太阳上的气体物质 50% 左右都是氢，这样丰富的氢气贮量足以使太阳继续像现在这样辉煌地照耀数十亿年。即使太阳上的氢全部烧尽，还会有别的核反应发生，使太阳继续发射巨大的光和热。

但是，这一理论也有不足之处：科学家研究发现，核聚变时会产生一种基本粒子——中微子。然而到目前为止，人们还没有探测到太阳辐射的中微子流。

太阳发光或许另有原因，至今仍未得到解答。

太阳风暴

太阳风暴指太阳在黑子活动高峰阶段产生的剧烈爆发活动。太阳黑子爆发时释放大量带电粒子所形成的高速粒子流，能破坏臭氧层，干扰无线通信，对地球的空间环境造成严重的影响，对人体健康也会产生一定的危害。

太阳会在太阳黑子活动的高峰时产生太阳风暴，这种现象是由美国发射的"水手 2 号"探测器于 1962 年发现的。它是太阳因能量的增加而使得自身活动加强，从而向广袤的空间释放出大量带电粒子所形成的高速粒子流。科学家把这一现象比喻为太阳打"喷嚏"。由于太阳风中气团的主要物质是带电等离子体，并且闯入太空的速度为 150 万～300 万千米/小时，因此它会对地球的空间环境产生巨大的冲击。太阳风暴爆发时，将影响通信、威胁卫星、破坏臭氧层，也会危及人体的健康。

1850 年，一位名叫卡林顿的英国天文学家在观察太阳黑子时，发现在太阳表面上出现了一道小小的闪光，它持续了约 5 分钟。卡林顿认为自己碰巧看到一颗大陨石落到了太阳上。

到了 20 世纪 20 年代，人们运用更精确的仪器来研究太阳，发现这种"太阳光"是普通的事情，它的出现往往与太阳黑子的活动有关。例如，1899 年，美国天文学家霍尔发明了一种"太阳摄谱仪"，能够用来观察太阳发出的某一种波长的光。

这样，人们就能够靠太阳大气中发光的元素，如氢、钙等发出的光，拍摄到太阳的照片。结果证明，太阳的闪光和陨石没有丝毫的关联，那不过是炽热的氢的短暂爆炸而已。

太阳中小型的闪光是十分普通的事情。在太阳黑子密集的部位，发生闪光的次数一天能超过100次之多，特别是当黑子在"生长"的过程中更是如此。像卡林顿所看到的那种巨大的闪光是很罕见的，一年只发生很少几次。

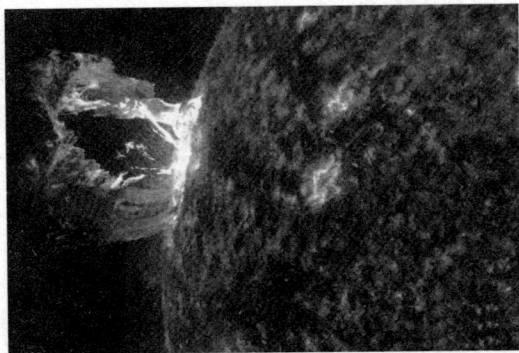

太阳耀斑爆发

有时候，当闪光正好发生在太阳表面的中心时，这样，它爆发的方向正对着地球。在这样的大爆发过后，遥远的地球上会频繁出现许多奇怪的事情。一连几天，极光都会很强烈，有时甚至在温带地区都能看到。罗盘的指针也不再保持安静，发狂似的摆动，因此这种效应也被称为"磁暴"。随着科技的进步，极光的奥秘对人们来说，也越来越不陌生，并且已被人们知晓。原来，这美丽的景色是太阳与大气层发生关系的结果。在太阳创造的诸如光和热等形式的能量中，有一种能量被称为"太阳风"。太阳风是一束可以覆盖地球的强大的带电亚原子颗粒流，是太阳喷射出的带电粒子。太阳风在地球上空环绕地球流动，以大约400千米/小时的速度撞击地球磁场。地球磁场形如漏斗，尖端对着地球的南北两个磁极，因此太阳发出的带电粒子沿着地磁场这个"漏斗"沉降，进入地球的两极地区。两极的高层大气，受到太阳风的轰击后会散发出光芒，形成极光。在南极地区形成的叫南极光，在北极地区形成的叫北极光。

在20世纪之前，这类情况对人类并没有产生什么影响。但是，自20世纪以来，人们发现，磁暴会影响无线电接收，

各种电子设备、通信也会受到影响。由于人类越来越依赖于这些设备，磁暴的消极影响也就变得日益严重了。比如说，在磁暴期内，无线电和电视传播会中断，雷达也无法进行工作。

科学家形象地把太阳风暴比喻成是太阳在"打喷嚏"。太阳的活动对地球及地球上的人类而言至关重要，因而太阳一"打喷嚏"，地球往往会"发高烧"。天文学家更加详细地研究了太阳的闪光，发现在这些爆发中有炽热的氢被远远地抛出，其中有一些就会克服太阳的巨大引力而射入空间。氢的原子核就是质子，因此太阳的周围有一层质子云（还有少量复杂的原子核）。1958 年，美国物理学家帕克把这种向外涌的质子云叫做"太阳风"。

向地球方向涌来的质子在抵达地球时，大部分会由于地球自身的磁场被排斥而不能进入大气层，但是有一些还是会进入大气层，从而引发极光和各种放电现象。向地球方向射来的强大质子云的一次特大爆发，会产生可以称为"太阳风暴"的现象，这时，磁暴效应就会出现。太阳风暴与太阳黑子活动周期有关，每 11 年发生一次。

太阳风暴

据悉，在 20 世纪 70 年代发生的一次太阳风暴，致使大气活动加剧，使当时属于苏联的"礼炮"号空间站的飞行阻力加大，从而使其脱离了原来的飞行轨道。1989 年，太阳风暴曾使加拿大魁北克省和美国新泽西州的供电系统受到破坏，造成高达 10 亿美元以上的损失。由太阳黑子活动引起的太阳风暴对

商业卫星来说也是重大的考验。

目前，各国科学家正在积极研究太阳风暴，但是由于太阳剧烈活动、太阳黑子爆发，关于太阳风暴对地球产生什么样的具体影响以及如何预防，还需进行不懈的研究。

使彗星产生尾巴的也正是太阳风。彗星在靠近太阳时，星体周围的尘埃和气体会被太阳风吹到后面去。这一效应也在人造卫星上得到了证实。像"回声一号"那样又大又轻的卫星，就会被太阳风显著吹离事先计算好的轨道，为科研工作带来不利影响。

最早的日食预报

朗朗晴空，耀眼夺目的太阳忽被一突如其来的大黑影遮住。这个巨大的黑影就是月亮。当月球运行到地球和太阳之间时，这三个天体处在一条直线或近乎一条直线时，月球挡住了太阳，这一现象就是日食。

实际上，日食与月掩星没有什么本质区别。月掩星时，月亮所掩的是一颗不那么亮的星。日食时，月亮掩住的是视直径与月亮一般大的金光灿灿的太阳，所以，比起月掩星来，月掩太阳（即日食）就更引人注目了。

世界上最早的日全食记载是在中国的《书经·胤征篇》中。据考证，这次日全食发生在夏代仲康元年，大约是公元前2137年10月22日。从那时到现在，我国已有上千次日食记录了。

现在已知的世界上最早的日食预报，是古希腊伟大哲学家泰勒斯提出的。讲到这次日食预报，还有一段有趣的传说：公元前585年，在安纳托利亚（今土耳其）高原上的吕底亚人和米底斯人之间进行了一场长达30年之久的战争，恶战无休无止，使得民不聊生。为了制止这场战争，聪明的泰勒斯利用当时人们对日食这一自然现象尚缺乏科学认识，特意编了一个"谎言"说："上帝对这场战争已经厌倦之极，将用黑影遮去太

阳的光辉，以警告你们。"就在这年的 5 月 25 日，日食果然如期发生了。日食来临之际，交战双方处在一片黑暗之中，士兵们惊恐万分，他们丢下所有的武器，没命地逃跑，以躲避上帝的惩罚。日食过后，交

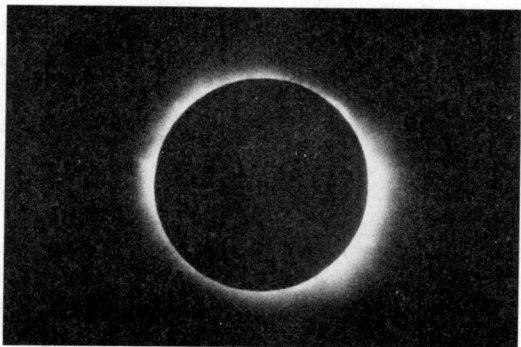

日全食

战双方签订了永不再战的和平协议。

一个明智的日食预报，拯救了两个民族，改写了一段人类历史，这大概是日食史上最有意义的一页吧！

太阳冕洞

太阳大气从内到外分为三层，即光球、色球和日冕。冕的本意是礼帽，日冕确实像一顶硕大的帽子，从四面八方把太阳盖得严严实实。

除非用一种专门的仪器，否则，人们平常是无法对日冕进行观测的，只有在日全食的时候，我们才有机会看到它数十秒或者数百秒钟。日冕一般分为内冕和外冕两部分，从空间拍摄的日冕照片上，可以看到外冕最远一直延伸出去好几十个太阳半径那么大的距离。

日冕呈现出白里透蓝的颜色，显得柔和、淡雅，惹人喜爱。日冕虽然不亮，但用肉眼观测或者拍下照片来看，各处亮度还比较均匀，没有过于明显的差别。可是，从空间拍下的日冕 X 光照片上看起来，它却是另外一个模样。其中最引人注意的是日冕中有着大片不规则的暗黑区域，它们并不是很稳定，形状也时有变化，有人把它们比喻为日冕中出现的"洞"，冕洞的名称就是这么来的。其实，冕洞这个名字并不恰当，因为

日冕

它基本上都是长条形的，有时从太阳的南极或者北极，一直伸展到赤道附近，长好几十万千米。从 X 射线的角度来看，说它是"洞"还勉强可以，冕洞里确实是"空洞洞"的，穿过冕洞可以直接看到光球，光球是完全不发射 X 射线的，所以在 X 光照片上，冕洞表现为暗黑色的一片，看起来像是好端端的一个圆面上，被涂黑了一大片似的。

我们都有这样的生活体验：风从北面吹来的时候，树叶、炊烟以及我们的衣服和长发，都向相反的南面飘起来。天文学家们从彗星尾巴老是背着太阳这一点得到启发，猜测太阳是不是也会刮"风"。当然，这风指的是从太阳向外抛射出来的带电的物质粒子等。正式提出"太阳风"的名称，并得到确认的，是 20 世纪 50 年代的事情。

太阳风是从太阳火球面上什么地方往外吹出来的呢？这个问题一开始没有得到圆满的解释。

在 20 世纪 30 年代之前，科学家们惊奇地发现，某些磁暴——地球磁场的强烈骚动是周期性的，每隔一定的周期就重复出现，这一周期是 27 日。显然，产生这种磁暴的东西也应该具有 27 日的周期。科学家们很自然地想到了太阳，它赤道部分的会合周期也是 27 日，可见这两者之间存在着一定的关系。

周期性发生的磁暴与太阳赤道部分的哪些区域有关呢？这是些什么样的区域呢？许多年来，一直没有人能解释清楚。这些"神秘"的区域被叫做 M 区，但谁也没有在观测中发现过

M区。

在对冕洞的探讨和研究过程中，天文学家们终于找到了根据，四十多年来踏破铁鞋无觅处的M区，原来就是太阳赤道部分的冕洞，从它那里使劲往外"吹"的带电物质粒子，就是好几百年来"视而不见"的太阳风。

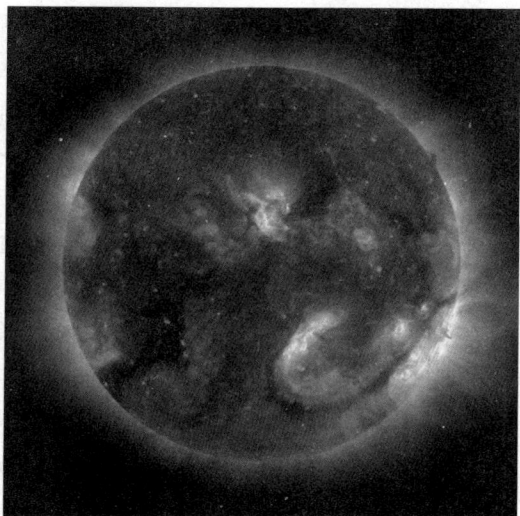

冕洞、M区、太阳风三者合一，不仅

冕 洞

解释了一直存在的一些疑难问题，也推动了科学家们去进一步探讨由日冕和冕洞反映出来的新现象。

20世纪60年代以后，一系列的空间探测器为我们取得了大量的有关日冕和冕洞的第一手资料。尤其是"太空实验室"的发射成功，在其从1973年至1979年运行期间，特别是三次载人飞行期间，主要的观测对象就是太阳，总共拍摄了18万多张珍贵的太阳照片，为我们深入认识太阳和日冕提供了依据。

"太空实验室"飞行期间，正是太阳活动并不太剧烈的时期，太阳面上的冕洞总面积竟然达到太阳表面总面积的20%之多，其中小的也许只占1%，而大的可达5%。太阳表面的1%大体上是600多亿平方千米，这些冕洞竟然这么大！在太阳活动剧烈的时候，冕洞的面积是否会更大呢？冕洞会多到什么程度呢？现在还无法解释清楚。

有趣的是，太阳两极处的冕洞面积的总和可以说是相当稳定的，加在一起可达15%左右，也就是一个极处的冕洞面积扩大时，另外一个极处的冕洞就会缩小，反过来也一样。为什么

两极的冕洞面积之和基本上保持不变呢？目前，科学家们也难以理解。

冕洞是太阳大气中一种寿命较长和比较稳定的现象，一般可以存在相当于 5 个太阳自转周期那么长的时间，有的甚至达到 10 个周期。小冕洞的寿命比较短，也许只存在二三十天，大致相当于 1 个太阳自转周期。冕洞面积的增长和减小速度比较平稳，而且大体相同，约 10000 多平方千米/秒。为什么冕洞存在的时间那么长，比太阳黑子的寿命长得多？为什么它面积的增长速度和减小速度又大体相同呢？这些也都难以解释清楚。

冕洞是太阳上的一种比较稳定的现象，这是科学家们长时间研究的结果。但是，空间观测给科学家们的提示是：日冕的短时间的"瞬时"现象，不仅存在，而且十分壮观。从"太空实验室"对太阳所做的精细观测表明，日冕经常发生突如其来的、相当猛烈的抛射现象，大量物质一下子从冕洞排山倒海般地向四面倾泻，使附近的日冕部分发生明显的改变。一次这样的瞬时现象可以短到几分钟，长的可达一两个小时。在此期间被抛出的物质少则数百亿吨，多则上千亿吨，物质被抛出的速度可以达到 500 千米/秒以上。这种瞬时现象是怎么发生的，是由什么机制触发而形成的呢，它与太阳的整体活动有什么关系等一系列问题，现在都还没有一个让人信服的答案。

科学家们确实已经知晓了不少关于冕洞的物质和情况，但也确实有许多现象还没有得到满意的解释。除了上面提到的冕洞的面积、寿命、增大和减小速度以及瞬时现象外，这里再列举几个方面：

冕洞的分布。最近二十多年来，人们观测到的所有冕洞几乎都跟同一个太阳半球上的极区冕洞联系在一起，而且往往延伸到另一半球。换句话说，在太阳北半球出现的冕洞，从北极区开始向南穿越整个北半球，穿过赤道，一直延伸到南纬 20°左右；南极区的冕洞则与南半球上的冕连结在一起，并一直延伸到北纬 20°左右。为什么会是这样的分布情况呢？目前还不

清楚。

冕洞的旋转。太阳大气中的多数物质的旋转情况是这样的：所处的日面纬度越高，绕太阳旋转的速度越慢。这就是所谓的较差自转，或较差旋转效应。可是冕洞似乎不遵守这种效应，它以自己的方式随着太阳自转，相对于太阳来说，它的位置基本不动，近似于所谓的刚体旋转。譬如同样都是在日面纬度40°处，冕洞的旋转速度比黑子要快7%左右；比赤道区域的冕洞只慢0.5%～1.0%，可说是相差无几。为什么冕洞不做较差自转？人们还不太清楚其原因。

冕洞与磁场的关系。冕洞总是出现在太阳面上大而只有单极（正极或负极）的磁区域中，它因此而被区分为正极型和负极型两种。可是，并不是每个大的单极磁区中都会产生冕洞。就磁场强度来说，冕洞中的磁场也是不均匀的；冕洞与无冕洞区的磁场并没有明显的差别，而且比太阳活动区要弱。因此可以认为，冕洞的产生和存在与磁场强度的大小没有太大的关系，至少不是起主导作用的关系。

那么，冕洞究竟是怎么形成的呢？冕洞出现的频率有什么规律吗？冕洞的边界是如何逐步变化的？如果说，冕洞的发生和形成是由于太阳上的某种特殊过程的结果，那么这个特殊过程又会是什么呢？

这一系列无法解释的问题，成为人们不断探索冕洞奥秘的动力及目标。

冕洞及其所在的日冕，为科学家提供了许多令人难以理解的现象，而对这些现象的本质的认识，人们还处在茫然无知或者说刚开始的阶段。

太阳耀斑

太阳物理学是天体物理学中最重要和最出色的内容之一，而对于人们研究多年的太阳来说，耀斑又是太阳物理学家最感兴趣的一个课题。为什么会如此呢？因为太阳上最激烈的活动

現象是耀斑，对地球影响最大的日面现象也是耀斑，当代太阳物理学中最大的难题还是耀斑。

1. 耀斑的概念和分类

太阳是一个高温气体球。由于太阳物质的透明性不佳，用光学望远镜或射电望远镜只能直接看到它的外层——太阳大气。在太阳大气的色球与日冕之间，有时会出现亮度突增的现象，即某块区域突然变得比周围明亮起来；与此同时，射电波、紫外线、X射线的流量也突然增加，有时还会发射高能Y射线和高能带电粒子。这种太阳局部地方的辐射突然增加的现象，就是太阳耀斑。随着对太阳研究的不断发展，以及对太阳耀斑理解的逐步深入，天文学家提出了种类繁多的耀斑概念。例如，把发射可见光增强辐射，并可用单色光观测到的耀斑区称为光学耀斑；与光学耀斑相类似，用X光观测到的耀斑区称为X光耀斑；会发出完整的连续光谱，在白光照片上也能看见的称为白光耀斑；发射高能质子流、产生太阳质子事件的耀斑为质子耀斑；另外还有能被地面观测宇宙线的设备记录到的宇宙线耀斑，等等。

耀斑最突出的特征是来势凶猛，能量大，在短短的一二十分钟内，一个大的耀斑可以释放10万亿亿甚至100万亿亿焦耳的巨额能量，相当于10100万次强火山爆发的能量总和。如此大的规模，令地球上的自然现象也黯然失色。

天文学家把增亮面积超过3亿平方千米的地方称为"耀斑"，不到3亿平方千米的地方称为"亚耀斑"。耀斑分为四个级别，分别以1、2、3、4表示，在级别后面加上f、n、b，分别表示该耀斑亮度为弱、普通、强。所以最大最亮的耀斑是4b，最小最暗的是1f。

2. 耀斑对地球的影响

太阳是地球能量的源泉，它的每一个细小的变化都会对地球产生较大的影响。那么，被称为太阳上"惊天动地的爆炸"的耀斑，毫无疑问地会对地球造成强烈的影响。

耀斑发射出强烈的短波辐射，严重地干扰了地球低电离

层，使短波无线电波在穿过它时遭到强烈吸收，致使短波通信中断。耀斑发射的带电粒子流与地球高层大气相作用，产生极光，并引起磁暴。耀斑的高能粒子会对在太空遨游的宇航员构成致命的威胁。近些年来，一些科学家还把地球演变、地震、火山爆发、气候变化，甚至心脏病的发生率、交通事故的出现率与耀斑爆发联系起来。为了避免和减轻耀斑造成的危害，许多科学工作者正孜孜不倦地从事耀斑预报的研究。但像地震预报一样，这是一个十分艰辛深奥的课题，由于我们对耀斑产生的规律和机制知之不多，目前只能预测在日面哪些区域可能出现耀斑，至于什么时候出现就很难预测了。不久前，北京天文台的一些天文学家在观测中发现，在耀斑爆发出现前数小时，日面磁场图上呈现，这种耀斑前兆红移现象，反映出物质向下沉降的倾向。学者们认为，对这种现象的深入研究及获得的更多观测结果，有可能为太阳耀斑预报提供一种新的有力手段。

对太阳耀斑的研究具有重大的意义，其重要性不但在于日地关系的认识方面，也因为它的研究同天体物理学中其他领域的研究有着密切的关系。太阳耀斑现象只是自然界中广泛发生的耀斑现象中的一个特殊情形。通过对太阳耀斑的研究，我们可以了解许多其他有关的恒星和星系。同太阳耀斑有关的物理机理也可能用来解释其他天体物理现象，如耀星、射电星系、类星射电源、X射线和Y射线爆发等。这些都增加了太阳耀斑问题的重要性和天文学家对其研究的兴趣。

3. 耀斑的形成

耀斑的巨大能量来自磁场，这可以说是已成定论。简单的计算表明，一个强度为100多高斯、体积为100亿亿亿立方厘米的磁场区域，一旦土崩瓦解，它释放的磁能供给一次大耀斑爆发绰绰有余。因此，寻找耀斑的基本能源并不是特别困难的事。问题的困难在于这些能量转变成何种形式才能产生耀斑。也就是说，磁场这个魔术师是怎样像变戏法一样把耀斑变出来的，是什么原因使储存在磁场中的能量一下子突然释放出来。另外，许多种性质相差悬殊的辐射怎么会一起迸发出来，为什

么低温的可见光辐射与高温的 X 射线一道出现，这些都是天文学家一直未能揭示的耀斑中的关键问题。

在本质上，关于耀斑起源的所有理论都认为，活动区中的强磁场起着重要的作用。因为耀斑的发生、位置和形状明显地表明它们同磁场的关系密切。分歧在于能量储存的两个主要问题：①耀斑能量是否在耀斑过程中或在此之前由下面进入大气层的？若在此之前，则时间需要多长，是几十分钟、几小时还是几天？②如果耀斑能量事先就储存在大气中，那么磁场的作用是主动的还是被动的？主动作用指磁能本身就是主要的耀斑能源；被动作用指磁场好像是容器、捕捉机、催化剂或引导途径。

认为磁能是耀斑能源的理由是：没有观测表明，在耀斑发生前能量以其他形式储存着；除磁能外，没有其他形式的能量足够大到可以作为耀斑的能源。虽然耀斑发生前后磁场变化不大，但这可能是因为人们所测出的是光球磁场，而耀斑却发生

太阳内部结构图

在色球和日冕中，特别是由于所预期的磁场变化接近于磁像仪的观测极限。认为磁场只起被动作用的论据是：没有观测证明在耀斑前后磁场有显著变化。反对磁场起主要作用的有些人仍认为能量储存在日冕中，但不是磁能。也有些人认为能量全部储存在太阳大气中，并假设在耀斑过程中能量来自光球之下。

天文学家提出的耀斑模型有数十种，但根据当前已有的观测资料，尚难以肯定哪种观点才符合实际。不过大多数人倾向于认为，在耀斑发生前能量就储存在活动区中，而且耀斑的能

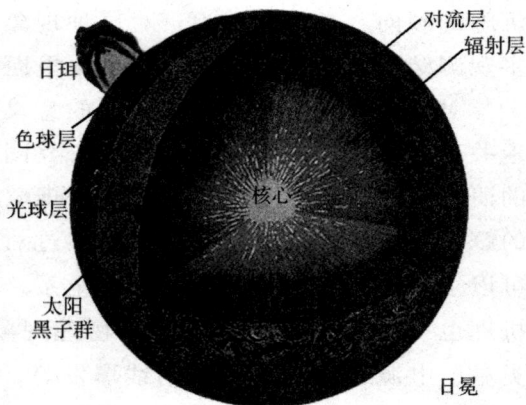

源就是磁场本身。

从 20 世纪 50 年代开始，许多太阳物理学家致力于耀斑与磁场相互关系的研究。一般认为，太阳表面的磁场必须具备较复杂的磁场结构，磁场结构越复杂，越容易产生耀斑。经常发生耀斑的部位在磁场中性线（即磁场强度为零的地方）两侧，偶尔也在中性线上。美国大熊湖天文台台长齐林在解释耀斑发生过程时，这样认为：磁场沿磁力线下来，与色球层气体相碰撞，使中性线两侧磁力线的足跟部位发光，成为人们所见到的耀斑。总之，耀斑本身是磁场不稳定的结果。正是由于磁场这种非平衡状态，导致了耀斑的爆发，以达到磁场新的平衡，耀斑的爆发过程同时也是大量能量释放的过程。较大的耀斑爆发不但由于氢原子热运动，温度可达几千万度甚至上亿度，并且有很强的 X 射线、紫外线以及高能质子放出。这些强烈的辐射光线增加了氢原子的压力，使氢原子、离子及其他微粒以超过 1000 千米/秒的速度抛出，成为太阳的微粒辐射。

4. 来自地面研究的结果

近年来，国内外天文学家在研究太阳活动区磁流体力学和太阳耀斑方面做了大量工作。从 1957 年国际地球物理年至今，已经历了五次太阳活动峰年，各国天文学家都非常重视峰年期的太阳观测，力求捕捉完整的耀斑资料，进行形态分析和理论研究，进而了解耀斑的本质。第 21 周的 1979～1982 年太阳活动峰年期间，国内外都加强了这方面的工作，成立了"太阳活动峰年"国际组织，实行区域性联合观测，频繁地进行国际交流，其成果也是颇丰的。

我国天文学家在此期间记录了不少有价值的耀斑爆发。1981 年 5 月 13 日、16 日，紫金山天文台接连观测拍摄到两起奇异的三级双带耀斑。这种耀斑的研究价值很高，它通常伴随着一般耀斑所没有的高能质子事件，强 X 射线暴以及强烈的射电暴。也就是说，它比一般耀斑的能量更大，也就更容易观测到它对地球物理影响的特征。北京天文台还记录了 5 月 16 日特大耀斑伴随的很强的射电暴的快速变化，揭示了极为丰富的

精细结构和爆发的间接性。

云南天文台在第 21 周峰年期间发现了 20 例十分罕见的"无黑子耀斑"。一般来说，耀斑总是出现在以黑子为主体的活动区中，仅有个别耀斑"离群索居"，出现在无黑子区域。云南天文台天文学家的研究表明，尽管无黑子耀斑与一般耀斑大为不同，但它们都是从局部磁场获取能量，因此在物理性质上来说是一致的。

一百多年来，全世界数以百计的天文台总共只记录到 40 多个白光耀斑，而其中拍摄到光谱的仅有 3 个。1981 年 9 月 5 日，紫金山天文台拍摄了一个白光耀斑的整套光谱，填补了我国白光耀斑观测的空白。过去认为白光耀斑是最大最亮的耀斑，而这次观测到的白光耀斑却不大，因此这一发现给天文学家提出了一个新的问题：小耀斑怎么会发射出连续光谱的呢？

自 1985 年起，我国有关专家学者就着手为第 22 周太阳峰年期的科学观测和研究积极做准备。1988 年起，开始进行太阳物理和地球物理方面的联测，到 20 世纪 90 年代初，已取得了一批珍贵的资料。从现在的趋势看，第 22 周峰年的活动水平超过第 21 周几乎已成定局。峰年来得又早又强烈，使各国太阳和日地物理学家紧张得有点手忙脚乱了。

5. 来自空间的研究

地面观测太阳的变化受到诸多限制，耀斑的紫外线和 X 射线等重要辐射都被地球大气屏蔽了。空间探测为耀斑研究开辟了新的窗口。1973 年 5 月美国成功地发射了"太空实验室"，它是一个载人的空间观测站。在 9 个月的观测中，它的望远镜、宇航员以及在休斯敦地面总部的太阳物理学家所进行的研究，是迄今对任何天体所做过的研究中组织得最好，配合得最默契的。对 1973 年 6 月 15 日的耀斑，从它出现前到闪光和爆发阶段，以至冷却结束，"太空实验室"都做了系统的观测。观测数据分析结果表明，耀斑的爆发源是位于日冕中的微小核心，由它发射的高能粒子流沿环形轨道向下运动，一直冲击到太阳表面，耀斑的可见光辐射就是在这个运动过程中产生的，

是一种副产品。另外拍摄的耀斑光谱表明，不同谱线增强、达到极大和减弱的时间参差呈现出很有顺序的情况。这些观测事实为美国天文学家斯塔拉克的磁力线再连接产生耀斑的理论，提供了很好的证据。

1980 年 2 月 14 日，美国发射了一颗"太阳峰年使命"卫星，主要用于研究太阳耀斑。作为太阳峰年国际联测的一部分，地面射电望远镜配合它，提供了比较连续的太阳计时观测记录。在地面科学家的指导下，"太阳峰年使命"

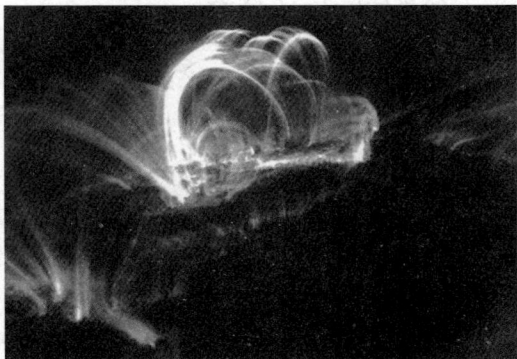

卫星拍摄到的太阳耀斑

卫星对 1980 年 4 月 30 日的日面边缘耀斑拍摄了完整的紫外线和 X 射线光谱，以及硬 X 射线单色像。从 1980 年 6 月 7 日的耀斑上记录到一条能量非常高的 Y 谱线。

日本于 1981 年 2 月 21 日发射了一颗"火鸟"卫星，它载有制作精良的观测仪器，并能不断地旋转，可以拍出 X 光太阳像以及不同波长的光谱。在入轨后的 17 个月中，共观测到 675 个耀斑，其中 31 个有很强的 X 射线，最强的一个耀斑出现在 1982 年 6 月 6 日，强度为 12 级，是有史以来记录到的最强的一次。此外，"火鸟"还观测到许多 Y 射线的耀斑。

为了深入研究耀斑，第 22 周太阳峰年期间，一些国家还准备发射一些卫星。日本、美国和前苏联联合研制的峰年探测卫星"Solar－A"在 1991 年下半年发射，俄罗斯准备的 Coronas－I 和 Coronas－F 两颗卫星，也分别在 1991 年和 1992 年发射。

科学技术的发展，使人类对耀斑的观测和理论日臻完善，但远不能说我们对耀斑有了完美的认识。世界著名天文学家帕

克形象地说过："目前人们所看到的耀斑只是'巨人的一双脚'。为了窥其全貌，天文学家正在不懈地努力着。从历史角度来看，最终揭开耀斑谜底也许不会是太遥远的事情。"

太阳黑子与人类

太阳的表面并不是无瑕的火球面，有时也会出现或多或少的黑斑，这就是太阳黑子。

我国对太阳黑子的观测可以说是时代久远。各国学者公认的世界上最早的太阳黑子记录，详细地记载在我国古书《汉书·五行志》里："汉成帝河平元年三月乙未，日出黄，有黑气大如钱，居日中央。"据专家考证，乙未应为己未。这记录的是公元前 28 年 5 月 10 日的一次大黑子。这条记录十分详细，不仅说明了黑子出现的日期，还描述了黑子的大小、形状和位置。

其实，我国还有更早的黑子记录，公元前 140 年前后成书的《淮南子·精神训》中有"日中有蹲乌"的记载，蹲乌就是黑子，再往前推，甚至可以上溯到 3000 多年前的殷代，殷墟出土的甲骨文中就不乏太阳黑子的记录。近些年来，我国天文工作者从公元前 781 年到公元 1918 年约 2700 年的历史典籍中，查出数百条有关黑子的记载，它们是极其宝贵的科学遗产。现代太阳物理学创始人、美国著名天文学家海耳曾高度赞扬说："中国古人测天的精细和勤勉，十分惊人。远在欧洲人之前约 2200 年，就有了黑子观测，而且历史记载比较详细和确凿，毫无疑问是可以通过考证而得到确认的。"

欧洲人观测太阳黑子开始于意大利著名的天文学家伽利略。1610 年，伽利略用望远镜在雾霭中观察太阳，并看到了太阳黑子。与他同时使用望远镜观测太阳黑子的还有德国的赛纳尔、荷兰的法布里修斯和英国的哈里奥特。

从肉眼直接观测到使用望远镜观测，标志着人类对太阳黑子现象的研究逐渐走向科学阶段。伽利略之后，人们对太阳黑

子的研究如雨后春笋般蓬勃开展起来，不但揭示出太阳活动奇妙的规律，而且就太阳活动对人类环境和人类自身的影响，有了越来越多的了解。特别是进入 20 世纪以来，天文学家对黑子磁场、黑子光谱、黑子物理状态做了大量研究，建立了完整的黑子形成和演化理论。尽管如此，像黑子为什么是黑的、黑子是怎样形成的这样一些最基本的问题目前还没有最终被搞清楚。近年来的观测更是发现了一系列崭新的现象，它们向太阳物理学家提出反诘，使传统观念受到猛烈冲击，太阳黑子这个古老问题因此更添魅力，让人着迷。

黑子其实并不黑

太阳黑子在地球上的人们眼里看上去的确是黑的，但它实际上并不黑，只是在耀眼的光球衬托下才显得暗淡无光。其实一个大黑子比满月发出的光要多得多，即使太阳整个圆面都布满了黑子，太阳依旧光彩照人，就像它离地平线不高时的情景一样。一般来说，黑子的中心最黑，称为本影，周围淡的部分称为半影，本影的半径约为半影的 2/5。一个典型黑子本影的平均温度约 410K（683.15℃），比周围的光球低 1700K（1973.15℃）左右。为什么黑子的温度较低呢？这个问题困扰了人们很长的时间。

20 世纪初，海耳首先对黑子磁场进行测量，发现黑子的磁场很强，并且磁场强度与黑子表面积有关。小黑子的磁场强度约为 1000 高斯（1 高斯＝10^{-4} 特），而大黑子可达 3000～4000 高斯，甚至更高。有人把黑子叫做日面上的"磁性岛屿"，由此人们很容易想到，黑子的黑与强磁场之间可能有某种联系。1941 年，比尔曼提出，黑子的变暗是由于强磁场抑制光球深处热量通过对流向上传输的作用造成的。这个解释很直观。后来柯林对此模型又进行了一些修正，认为黑子中还有一些对流，但比背景中的热量传递小得多。观测也证实了黑子中有较弱的对流。这个理论得到了天文界的普遍认同，然而随着观测和研

究的深入，比尔曼理论的破绽开始暴露出来了。按照他的说法，在黑子下面，对流被磁场抑制了，那么对流所输送的能量去了哪里？为此，美国天文学家帕克提出了一个崭新的论点。在磁场引起低温这一点上他和比尔曼是一致的。但他认为，磁场并没有抑制，而是大大促进了能量的传输。黑子的强磁场把绝大部

太阳黑子与地球的大小对比

分热量变换为磁流体波，磁流体波沿磁场传播，并带走了一部分能量，从而使黑子内部温度变低，同时这一理论也解释了没有多余能量积累的问题。新理论比旧理论更加合理，但它还不是终极理论。

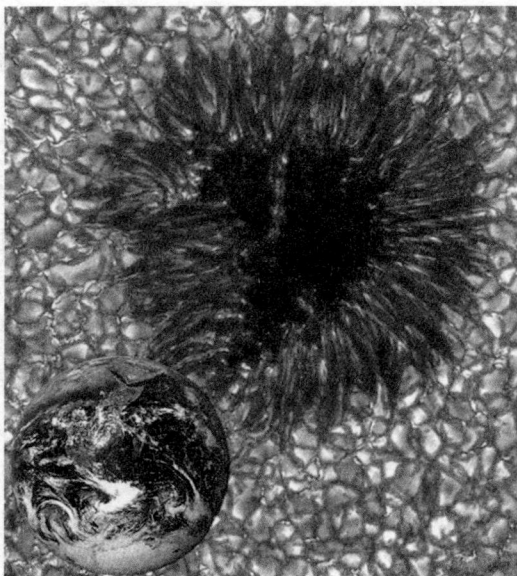

黑子方队与活动周期

你知道吗，太阳黑子大多喜欢成群结队地出现。复杂的黑子群由几十个黑子组成，而大多数黑子群是由两个主要黑子组成，沿着太阳自转方向，位于西边的黑子叫做"前导黑子"，位于东边的黑子叫做"后随黑子"，大黑子周围还有许多小黑子，就像是战场上的两位将军统帅一支人马。极性相同的一群黑子称为单极群，极性相反的一群黑子称为双极群，黑子群中极性分布不规则的称为复杂群。

太阳面上的黑子有时多，有时少，呈现出有规律的周期性变化，平均周期约 11.1 年。

此外，黑子数从一次极大到下一次极大的时间间隔，最短的只有 7.3 年（1829～1837 年），而最长的曾达到 17.1 年（1788～1805 年），跟平均周期各相差约 50％，偏差可以说是相当大的。其实，关于黑子周期的问题，还远不止如此。

黑子是太阳活动的基本标志之一，黑子活动的强弱，或者说黑子的多少，是用一般所说的"相对数"来表示的。通过长期观测，19 世纪 40 年代，德国药剂师施瓦布发现太阳黑子数目表现出一种周期性的变化，变化周期大约是 10～11 年。后来斯玻勒又进一步发现黑子在日面上随时间变化的纬度分布具有一定的规律性。一般说来，一个周期的黑子刚出现时，都在日面纬度 30°附近。在黑子较多的时候，则在纬度 15°左右。周期结束时，黑子多半在低纬度地区出现和消失。上一个周期的黑子还没最后消失，下一个周期的黑子又在纬度 30°附近出现了。另外，几乎所有的黑子都出现在纬度 8°～45°之间，极少有超过这个范围的。人们发现了这样一个有趣的现象：如果以黑子群的日面纬度平均值作纵坐标，时间为横坐标，绘出的黑子群日面纬度分布图，就像一群排列整齐的蝴蝶。

另外，人们还发现在黑子存在期间，它的磁场强度是随时间变化的。黑子刚出现时，磁场强度迅速上升到极大值，然后稳定一段时间，随着黑子的瓦解和消失，磁场强度呈线性衰减。黑子群中成对的那两个大黑子具有相反的极性。一个活动周期中，如果太阳北半球上黑子对中的前导黑子的极性是"北"，那么后随黑子就是"南"，太阳南半球正与此相反。而到了下一个活动周期，两半球黑子对的极性便会颠倒过来，在下一个活动周期中再颠倒回去。根据黑子磁场的极性变化，海耳等人在 1919 年指出，太阳黑子和太阳活动的真正周期是 22 年。为了更好地解释上面这些现象和规律，天文学家建立了不少黑子模型，其中，1961 年巴布科克提出的模型受到人们的普遍重视。

巴布科克认为，冻结在太阳等离子中的磁场，仅存在太阳表面下较浅的层次中，磁力线被太阳自转所带动。由于较差自

转（太阳不同纬度处的自转周期不同，赤道转得最快，越往两极越慢），使原来位于子午面上的磁力线缠绕起来。太阳内部和表面的自转速率不同也会使磁场强度增大，光球下面的对流运动会使加强了的磁通量管扭结成绳子的形状，从而增大了磁力线密度。小尺度湍流使磁绳中出现扭结，致使小区域中的场强变得更大。当场强增大时，磁浮力也增大，磁场上浮涌出表面，就会形成双极黑子。黑子首先出现于纬度30°附近的区域，是因为该处磁场的切变率最大。由于太阳内部自转得比表面快些，低纬处的场强增大而高纬处的场强下降，所以发生黑子的区域就移向赤道。这个模型既可说明蝴蝶图、黑子极性的分布、前导黑子的纬度比后随黑子的稍低等事实，又能解释22年周期中极性的反转现象。

一些持肯定态度的天文学家认为，这个模型对于解释太阳磁场的所有较新的观测过于简单了，需要加以改进和发展。但另一些持否定态度的人则认为这个模型是不恰当的，太阳的磁场系统并不局限于表面的薄层中，而穿透得比太阳的对流层还深些。到底实际情形怎样，仍需要不断地观测来判断。

太阳也在自转

太阳像其他天体一样，也在不停地绕轴自转，在400年前的人们是不知道的。最早发现太阳自转的人是意大利科学家伽利略，他在观测和记录黑子时，发现黑子的位置有变化，得出了太阳在自转的结论。他给出的太阳自转周期为1个月不到，那是17世纪初的事。

太阳是个大气体球，它不可能像地球那样整个球一块儿自转，这是不难理解的。早在1853年，英国天文爱好者，年仅27岁的卡林顿开始对太阳黑子做系统的观测。他想知道黑子在太阳面上是怎样移动的，以及长期以来人们都说的太阳有自转但这自转周期究竟有多长。几年的观测使他发现，由于黑子在日面上的纬度不同，得出来的太阳自转周期也不尽相同。换句

话说，太阳并不像固体那样自转，自转周期并不到处都一样，而是随着日面纬度的不同，自转周期有变化。这就是所谓的"较差自转"。

太阳自转方向与地球自转方向相同。太阳赤道部分的自转速度最快，自转周期最短，约 25 日，纬度 40°处约 27 日，纬度 75°处约 33 日。日面纬度 17°处的太阳自转周期是 25.38 日，这一时间称作太阳自转的恒星周期，一般就以它作为太阳自转的平均周期。以上提到的周期长短，都是就太阳自身来说的。可是我们是在自转着和公转着的地球上观测黑子，相对于地球来说，所看到的太阳自转周期就不是 25.38 日，而是 27.275日。这就是太阳自转的会合周期。

如果我们连续许多天观测同一群太阳黑子，就会很容易地发现它每天会在太阳面上发生移动，位置一天比一天更偏西，转到了西面边缘之后就隐没不见了。如果这群黑子的寿命相当长，那么，经过十多天之后，它还会"如期"从日面东边缘现身。

除了由黑子位置变化来确定太阳自转周期之外，用光谱方法也是不错的手段。太阳自转时，它的东边缘老是朝着我们过来，距离在不断减小，光波波长稍有减小，反映在它光谱里的是光谱谱线都向紫光的方向移动，即所谓的"紫移"；西边缘在离我们远去，这部分太阳光谱线发生了"红移"。

黑子很少出现在太阳赤道附近和球面纬度 40°以上的地方，更不要说更高的纬度了，光谱法就成为科学家测定太阳自转的良好助手。光谱法得出的太阳自转周期是：赤道部分约 26 日，极区约 37 日。这比从黑子位置移动得出来的太阳自转周期要长一些，长约 5%。

这是什么原因呢？

一种解释是：黑子有磁场，并通过磁力线与内部联结在一起，内部自转得比表面快些，黑子周期就短些，而光谱得到的结果只代表太阳表面的情况。这类问题的研究，现在也只是刚开了个头，其中的奥妙和真相人们依然说不清楚。

早在 20 世纪初，就有人发现太阳自转速度是有变化的，而且常有变化。1901～1902 年观测到的太阳自转周期，与 1903 年得出的不完全一样。不久，有人更进一步发现，即使是在短短的几天之内，太阳自转速度的变化可以达到 0.15 千米/秒，这几乎是太阳自转平均速度的四千分之一。这一发现让人感到惊讶。

1970 年，两位科学家在大量观测实践的基础上，得出了一个几乎有点使人不知所措的结论。通过精确的观测，他们发现太阳自转速度每天都在变化，这种变化既不是越转越快，周期越来越短；也不是越转越慢，周期越来越长——而是似乎在一个可能达到的极大速度与另一个可能达到的极小速度之间，来回变动着。

太阳自转速度为什么随时间而变化？其中有什么规律？这意味着什么？现在都还说不清楚，只能说是有待研究和解决的谜。

空间技术的发展使得科学家们有可能着手观测和研究太阳外层大气的自转情况，主要是色球和日冕的自转情况。在日冕低纬度地区，色球和日冕的自转速度，和我们肉眼看到的太阳表面层——光球，基本一致。在高纬度地区，色球和日冕的自转速度明显加快，大于在它们下面的光球的自转速度。换句话说，太阳自转速度从赤道部分的快，变到两极区域的慢，这种情况在光球和大气低层比较明显，而在中层和上层变化不大，不那么明显。

这种让人捉摸不定的现象，自然是科学家们感兴趣、有待深入研究的课题。

一些科学家认为，产生太阳自转的各种现象的根源在其内部，即在光球以下，我们肉眼不能直接看到的太阳深处，这是有道理的。

日震可以为我们提供太阳内部的部分情况，这是一方面。更多的是进行推测，当然，这种推测并非毫无根据，而是有足够的可信程度。譬如根据太阳所含的锂、铍等化学元素的多少

来进行分析和推测；从赫罗图上太阳应占的位置来看，太阳是颗主序星，根据所有主序星的平均自转速度进行统计，来考虑和进行推测。

其结果怎么样呢？

不仅难以得到比较一致的意见，甚至有的还针锋相对：有的学者认为太阳内部的自转速度要比表面快得多；另一些学者则认为表面自转速度比内部快。

一些人认为：太阳自转速度随深度而变化，我们在太阳表面上测出的速度，很可能还继续向内部延伸一段距离，譬如说大致相当于太阳半径的 1/3，即约 21 万千米。只是到了比这更深的地方，太阳自转速度才显著加快。

包括地球在内，许多天体并非为正圆球体，而是扁

赫罗图

椭圆球体，其赤道直径比两极的直径长些。用来表示天体扁平程度的"扁率"，与该天体的自转有关。地球的赤道直径约 12756.3 千米，极直径约 12713.5 千米，两者相差 42.8 千米，扁率为 0.034，即约 1/300。八大行星中自转得最快的两颗行星是木星和土星，它们的扁率分别是 0.0637 和 0.102，用望远镜进行观测时，一眼就可以看出它们都显得很扁。

太阳是个自转着的气体球，它应该也有一定的扁率，20 世纪 60 年代，美国科学家迪克正是从这样的角度提出了问题。根据迪克的理论，如果太阳内部自转速度相当快，其扁率有可能达到 4.5/100000。太阳直径约 139.2 万千米，如此的扁率意

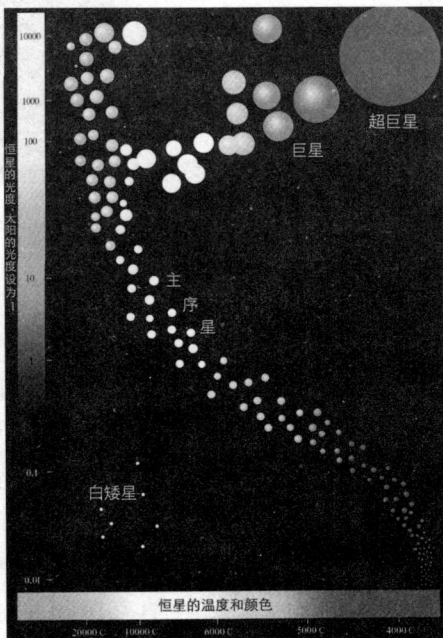

味着太阳的赤道直径应该比极直径大 60 多千米，对于太阳来说，这点差别实在是微乎其微。可是，要想测出直径上的这种差异，异乎寻常地困难，高灵敏度的测量仪器也未必能达到所需要的精度。

木　星

为此，迪克等人做了超乎寻常的努力，进行了大量、细致的超精密测量，经过几年的努力，他得出的太阳扁率为 4.51034/100000，即在 4.17/100000～4.85/100000 之间，刚好是他所期望的数值。1967 年，迪克等人宣布自己的测量结果时，所引起的轰动是可想而知的。一些人赞叹迪克等人理论的正确和观测的精密，但似乎更多的人持怀疑态度，他们有根有据地对迪克等人的观测精度表示相反意见，认为这是不可能的。

一些有经验的科学家重新做了论证太阳扁率的实验，配备了口径更大、更精密的仪器，采用了更严密的方法，选择了更有利的观测环境，所得到的结果是太阳扁率小于 1/100000，只及迪克所说的 1/5 左右。结论是：太阳内部并不像迪克等人所想象的那样快速自转。退一步说，即使太阳赤道部分略为隆起而存一定扁率的话，扁率的大小也是现在的仪器设备所不能探测到的。

企图在近期内发现太阳的扁率，来论证太阳内核的快速自转，可能性不是很大。它将作为一个课题，长时间地存在于科学家们的工作中。不管最后太阳是否真是扁球状的，或者太阳确实无扁率可言，都将为科学家们建立太阳模型，特别是内部结构模型，提供非常重要的信息和依据。

至于为什么太阳自转得那么慢，为什么太阳各层的自转速

度各不相同，一些自转速度变化的规律又是怎么样的……都还是未知数。

太阳的大振荡——日震

对"地震"这个名词，我们都再熟悉不过。对"月震"，你也许听过，它是月壳的一种不稳定现象。1969 年，美国"阿波罗 11 号"飞船的宇航员在月面上装置了第一台月震仪之后，记录到月球上每天平均约有一次月震，而且都是很微弱的。

太阳有"日震"吗？当然有。日震极为复杂，规模宏伟壮观，景象惊心动魄，是月震根本无法相比的。日震最初是在 1960 年被美国天文学家莱顿发现的。他在研究太阳表面气体运动时，发现它们竟是像心脏那样来回跳动，气体从太阳面上

阿波罗 11 号飞船

快速垂直上升，随后再降落下来，一胀一缩地在振荡着。一些地方的气体急剧振荡几次之后，好像人跑得很急之后喘口气那样，稍缓和一段时间，接着又开始新的一轮振荡。这种振荡平均约每 5 分钟（精确地说，应该是 2963 秒）周期性地上下起伏，重复一次，天文学家称之为"5 分钟振荡"。

进一步的观测研究表明，在一次振荡中，气体上下起伏的范围可以达到数十千米，这对于直径达 139 万多千米的太阳来说，算不得什么。令人惊讶的是，发生振荡的不是太阳面上的一小片区域，而是在成千上万，甚至好几十万平方千米的范围内，气体物质连成一片，就像大家在同一声口令下同起同落，

第二章　细说太阳

51

并且在任何一个时刻，太阳面上都有约 2/3 的地方在做这种有规律的振荡。如此大面积的振荡真可以说是蔚为奇观，请你想一想，比地球大好几倍的一片火海，其上面火舌瞬息万变，火"波"汹涌澎湃，一会儿上升，一会儿又快速下降，最生动的文字恐怕也难确切地描述出它的全貌。

5 分钟振荡的发现是天文学，特别是太阳物理研究中的一件大事，有着划时代的意义。

我们知道，科学家对地震波进行研究之后，才得以了解地球内部结构，我们现在掌握的这方面知识，几乎都是这样得来的。太阳内部情况如何，我们目前是无法直接看到，而所谓的太阳振荡即日震，它的发现无异于为科学家们送来了一台可"窃听"太阳内部深处的听诊器，各国科学家都对之表现出了巨大的兴趣。

研究和探测太阳内部结构是科学家们长期以来的重要课题，也是很难顺利展开的课题。已经建立起来的理论和假说，有的未能通过实践的检验，有的显露出很大的缺陷。正当科学家们一筹莫展、陷入重重困难的时候，日震被发现了，怎么不令他们喜上眉梢呢？

譬如说，太阳大气层最靠里面的那一层叫光球，它也就是我们平常看到的太阳表面层。在光球下面的是对流层，这是很重要的一层，它起着承内启外的作用。可是，我们无法看到它。而根据对 5 分钟振荡的观测和有关理论，我们推算，对流层的厚度大体上是 20 万千米。当然。也有人认为对流层只是很薄的一层。

太阳的 5 分钟振荡一般被看做是太阳大气中的一种现象，那么，是否有可能它也是周期更长的太阳整体振荡的组成部分呢？

从 20 世纪 70 年代开始，一些科学家设法寻找频率更低、周期更长的太阳整体振荡。1976 年，前苏联克里米亚天体物理天文台的科学家们在研究光球层时，发现太阳表面存在着一种重要的振荡，周期为 160 分钟，每次振荡，太阳都增大约 10

千米，随后又恢复到原先的状态。

前苏联科学家的发现很快由美国斯坦福大学的一批研究人员予以证实。后来，人们从前苏联和美国的资料中，进一步得出更精确的振荡周期为 160.01 分。不过，在相当一段时期里，有人猜测太阳的 160 分钟振荡是否与地球大气抖动有关。法国和美国的一个联合观测小组，成功地在南极进行了长达 128 小时的连续观测之后，最终把这种怀疑排除了。地球北半球是冬季时，南半球是夏季，南极是极昼，即 24 小时太阳都在天空中，连续观测中就不存在大气抖动的影响问题。以 160 分钟为周期的太阳整体振荡得到确认，它确实源自于太阳自身。

南极洲的冰雪世界

在研究 5 分钟振荡的时候，科学家们发现，它们竟然还可以分解为上百个长短不等的小周期，短的只有 3 分钟，长的可达 3 小时。这些五花八门的小周期叠加在一起，真有点使人眼花缭乱，它们之间究竟有什么内在的联系？或者这些错综复杂的小周期预示着什么？现在确实还无法获知详情。

20 世纪 60 年代，美国科学家迪克发现太阳并非是个圆形气体球，它的两极略扁，赤道部分则略微凸起。1983 年，迪克的观测结果表明，太阳的形状并非固定不变，它的扁率发生周期振动，周期是 12.64 天。

有意思的是，另一批美国科学家从水星的运动中，也发现了太阳的振荡现象。1982 年，美国高空观测研究所等单位的研究人员，收集了从 18 世纪以来的，长达 265 年的水星绕太阳运动的资料，以及好几十组日食发生时间的数据。综合分析的

结论是：太阳直径又涨又落，像是个一会儿充满气，一会儿又放掉了一些气的大皮球，这种被他们称为"太阳颤抖"的振荡现象的周期，被定为 76 年，最大的变化率可以达到 0.8 角秒。

近些年来，有人从 44520 个太阳黑子数的分析中，得出其峰值有 12.07 天的周期。也有人从太阳自转速度随纬度高低而不同的所谓"较差自转"中，导出 16.7 天的周期。此外，还有人认为存在着好几个 7～50 分钟的周期；160～370 分钟周期范围内，也还存在着太阳整体振荡，等等。

日食记载也为此提供了新的论据。一些科学家详细研究了 8 次日全食的资料，其中最早的一次是 1715 年 5 月 3 日在英国可见的日全食，最晚的一次发生在 1984 年 5 月 31 日。分析得出：269 年间，太阳直径有类似脉搏跳动那样的振动现象，周期不详，但总的说来变化不算大，只有 1.24 角秒，大致是太阳角直径的 1/1600。

在不算长的几十年间，日震学已显示出其强大的生命力，太阳的内部结构，各层次的温度、压力、密度、化学组成、自转和运动情况等，无不通过太阳振动的研究而获得了大量前所未知的信息。这些信息对于建立和完善已有理论，譬如黑子是怎么产生的、黑子周期的本质等，都是必不可少的。科学家们相信，日震与地震的某些性质应该可能有相似之处。运用我们已掌握的对地震波的研究成果，再经过相当长时间的观测和探索，我们一定会越来越深入地认识太阳，乃至去了解其他恒星。

到目前为止，太阳整体振荡为我们解决的问题只是初步的，还远没有它提出的问题那么多。太阳整体振荡是怎么产生的？从各种不同角度导出的种种周期与整体振荡是什么关系？各种周期之间又是什么关系？这些都还是未知数。

如果把太阳振荡比作是一条走向探知太阳内部的康庄大道的话，那么，我们也只是刚刚踏上征程，大量的开拓工作还在后头。

揭秘日珥

太阳光球的上界同极活泼的色球是相接的。由于地球大气中的水分子和尘埃粒子将强烈的太阳辐射散射成"蓝天"，色球完全淹没在蓝天之中。若不使用特殊仪器，色球是很难观察到的，直到 20 世纪，这一区域只有在日全食时才能看到。当月亮遮掩了光球明亮光辉的一瞬间，在太阳边缘处有一勾细如娥眉的明亮红光，仅持续几秒钟，这就是色球。

色球层厚约 8000 千米。日常生活中，离热源越远的地方，温度就越低，然而太阳大气的情况却截然相反，光球顶部的温度差不多是 4300℃，到了色球顶部温度竟高达几万摄氏度，再往上，到了低日冕区温度陡升到百万摄氏度。太阳物理学家对这种反常增温现象一直不能理解，到现在也没有找出确切的原因。

色球的突出特征是针状物，它们出现在日轮的边缘，像一根根细小的火舌，有时还腾起一束束细高而亮的火柱。19 世纪的一位天文学家形象地把色球表面比喻为"燃烧的草原"。针状物不断产生又不断消失，寿命仅仅为 10 分钟。

在色球上我们还可以看到许多腾起的火焰，这就是天文学中所说的"日珥"。日珥的形态真可谓千姿百态。有的像浮云，有的似喷泉，有的仿佛一座拱桥，有的宛如一堵篱笆，而从整体看来，它们的形状恰恰似贴附在太阳边缘的耳环，由此得名为"日珥"。

天文学家把日珥分为宁静日珥、活动日珥和爆发日珥三种。最为壮观的就是爆发日珥，本来宁静或活动的日珥，有时会突然"怒火冲天"，把气体物质拼命向上抛出，然后回转着返回太阳表面，形成一个环状，所以又称环状日珥。这种日珥是很罕见的并且也很重要。它的重要性在于它像铁屑证明磁铁周围的磁力线一样，提供了太阳大气中不可见的磁场存在的证据。

日珥的上升高度约几万千米，一般长约 20 万千米，个别的可达 150 万千米。日珥的亮度要比太阳光球层暗弱得多，所以平时用肉眼不能观测到它，只有在日全食时才能直接看到。

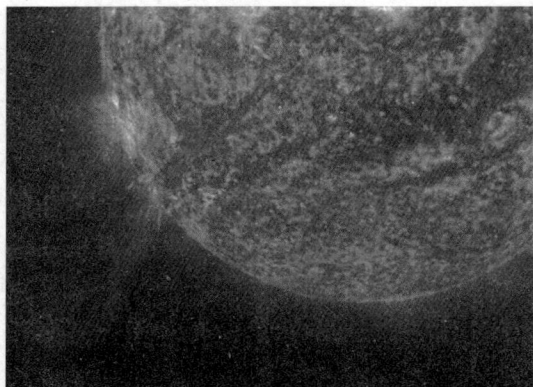

日珥是非常奇特的太阳活动现象，其

日　珥

温度在 5000℃～8000℃ 之间，大多数日珥物质升到一定高度后，慢慢地降落到日面上，但也有一些日珥物质漂浮在温度高达 200 万℃ 的日冕低层，既不坠落，也不瓦解，就像炉火熊熊的炼钢炉内居然有一块不化的冰一样奇怪，而且，日珥物质的密度比日冕高出 1000～10000 倍！

令人费解的是，两者居然能共存几个月之久，实在不可思议。

太阳的节日

中秋节，这是我国居民都熟悉的年年都过的节日。而与中秋节仅一字之差的中和节，你大概还没听说过吧。

在我们中华民族的传统节日中，农历二月一日为中和节。每逢这一天，历史上的帝王们都要举行耕种仪式，并象征性地赐给百姓以百谷，用来勉励民众努力从事耕织。在民间，百姓们在这天祭祀日神，亲友们聚在一起喝中和酒，互赠刀尺之类，以互勉努力劳作，积极从事生产活动。

中和节最主要的习俗是吃太阳鸡糕，并用它来祭日。太阳鸡糕用江米制成，糕上立一只一寸高的米面做的鸡，或印上象征鸡的图形。用鸡来象征太阳，这起源于上古时期"日中有

鸡"的传说。

史料记载，中和节是唐德宗于贞元五年（公元789年）明令规定的节日。实际上，中国古代的日神崇拜、祭祀太阳神由来已久。中国上古时有春分祭日的习俗，而中和节正值春分。

古人祭祀的日神是谁呢？一说是羲和（《山海经》中有羲和生十日的记载）；一说是驾驭太阳巡行的驭手，即指管理太阳运行的天神，相当于古希腊神话中的阿波罗（驭手说出自屈原的《天问》）。但在《礼记·月令》中，却把日神的地位授予了勾芒。勾芒是谁呢？他就是远古的天文官南正重，与他并驾齐驱的还有北正黎。据史记载，羲和是黄帝、唐尧、虞夏时代的天文官，而重黎则是颛顼、帝喾时代的天文官。

可见，所谓日神，就是远古时观天象、定季节、授民时的天文官员。季节变化与太阳有关，所以，天文官被尊为日神。羲和与勾芒就是远古不同民族或不同时代人们所崇敬的日神。

屈原像

古人过中和节、供奉日神有两层意义：一是感谢太阳给人带来光明和温暖，使万物得以生存。其次是感谢授民时、定历法的天文官，他们教民适时播种，使人们获得了赖以为生的百谷。

太阳和星星也能刮大"风"

在我们的地球上，几乎天天都在刮风。但是我们这里要说的太阳风和星风，却与人们每天接触到的风毫不相干。

很久很久以前，人类发现彗星长长的尾巴总是背向着太

阳。但是一直搞不清这是为什么。到了20世纪40年代，天文学家从对日冕的研究中找到了答案。日冕是太阳大气的最外层，但它的温度却远远高出太阳表面，达100万～200万℃。这骇人听闻的炽热足以使日冕物质全部电离。而电离出去的离子和电子速度极高，如氢原子核（质子）的平均速度高达200千米/秒，比人造卫星发射时的速度高出20倍左右。20世纪50年代，有个叫帕克的美国天文学家提出，这些离子体不断向外逃散，会形成持续不断的布满太阳系的微粒流，并给它取名叫"太阳风"。20世纪50年代后期，人类进入星际航行时代，太空探测证实了帕克的预言，并测定太阳风以300～1000千米/秒的速度吹遍整个太阳系。也正是这太阳风，使彗星拖上了长长的尾巴。

太阳风的发现，使天文学上的一个悬案终于有了一个较为合理的解释。1935年，在美国的威尔逊山天文台，两位天文学家亚当斯和麦克·科尔马克在观测恒星光谱时，发现猎户座a等一些晚型星的光谱中，除了一条宽而浅的正常的恒星谱线外，还有一条细而深的光线，并有明显的紫移现象。谱线紫移意味着环绕恒星的包层在膨胀，其速度为10千米/秒。这膨胀的拱星气层是什么呢？原来它就是恒星风。20世纪70年代以来，天文学家利用空间飞行器，通过紫外发射谱线研究星风，证实了晚型星和早型星都在刮"风"。晚型星的"风"是低速的"冷风"；而早型星刮出的是速度超过1000千米/秒的"热风"。

这两种星风是怎样形成的？星风对星体的演变和衰老过程又有什么影响？星风对研究恒星的活动有什么作用？还有许许多多与星风有关的谜等着我们去揭示。

日落西山了吗

你一定会说，这个问题太简单了。古往今来，大家不都这么说吗？

不，并没有这么简单。相对地球而言，太阳是不动的。而地球在进行着自转。地球自转的概念是 1543 年波兰天文学家哥白尼在《天体运行论》中提出的，许多科学实验也证实了地球自转的存在。地球绕着一根假设的自转轴自西向东旋转着，大约每 23 小时 56 分旋转一周，就是地球上的一天，所以才有了白天、黑夜之分。地球转向太阳的半边是白天，背向太阳的半边就是黑夜。

可是古时候，科学不发达，人们对自然现象只能做表面的解释。以为地球是宇宙的中心，太阳在围着地球转，所以才有了日出东海、日落西山的说法。甚至有人以为太阳落山后进到了山后的隧道里，在地下转一圈后，再从

日 落

东方的隧道口出来升入空中。现在我们都知道"隧道说"是不对的。但是，因为我们感觉不到地球的转动，相反只看见日月星辰不断地东升西落，绕着地球打转。所以，人们都习惯地沿用了太阳东升西落的说法。只是你在说"太阳下山了"时，可千万别忘了是你居住的那半边地球正在背向太阳啊！

天空中的 3 个太阳

1985 年 1 月，北极的冷空气侵入加拿大西部平原，天气出奇的寒冷，即使不刮风，也让当地的气温达到－65℃。气象台发出警告：任何人只要在室外露一点皮肤，不出 30 秒钟就会被冻僵。这样寒冷的天气严重影响了人们的生产生活。邮递员停止了送信，学生也不去上学了。汽车行驶喷出的废气，久久

地盘旋于半空，如同一层云雾笼罩着。就在 1 月 31 日这天早晨，当地的居民突然发现，天空中竟然出现了三个太阳，更为奇怪的是，尽管空中有三个太阳，气温却丝毫没有变暖。

天空中同时出现三个太阳，这是怎么回事呢？

原来，在高层的天空中，无论是夏天还是冬天，都是非常寒冷的。天空中的水汽增多时，极细小的水珠会变成冰晶，在那里组成一种半透明的云层。当太阳光透过这许多冰晶时，有时就会在太阳的旁边反射出几个影子来。其实，那只是几个"假太阳"。这种现象叫日晕。

日晕大多发生在空气中水蒸气增加的时候。因此，在有些地区，"空中几日并出"正是下雨前的预兆，正如我国的农谚所说："日晕三更雨"。

晚上出来的太阳

"晚上出太阳"，你一定会说这是天方夜谭，没影的事儿吧？

然而，历史上确实有这样的记载。

《汉书·本纪》中记载：汉武帝建元三年夏四月戊申（公元 138 年 6 月 11 日）有如日夜出。

《晋书·天文志》中记载：晋元帝大兴元年十一月乙卯（公元 318 年 11 月 16 日），日夜出，高三丈，中有青赤珥。

1596～1597 年冬，北极地区正处于长达 176 天的深深长夜——极夜之中。困于北极新地岛的航海家威廉·伯仑兹正在无聊地打发时间，计算着光明到来的日子。就在离预定日出时间还有两个星期的时候，他突然看见本应处在地平线以下 5°位置的太阳，却突然从南方的地平线处喷薄而出，黑暗的极地瞬间白昼来临。过了一段时间，太阳骤然消失，黑夜再度笼罩大地。他把这一发现详细记录了下来。

1982 年 6 月 18 日晚 10 时 11 分，河北隆化县郭家巨乡一带的农民发现"北方天空忽然由黑变亮，有白光显现。很快有

一轮乳白色的圆盘自东北方向的山谷跃起。然后上面的半圆很快向四周扩散，乳白色逐渐变淡，犹如一面用白纱蒙住的大圆镜，后面的星星清晰可见。镜面上还射出一道白光，在山峦的衬托下，景象非常壮观"。（据《河北科技报》1982 年 11 月 3 日）

这一篇篇记载和报道，说的都是"日夜出"现象。可以肯定地说，这夜间出的太阳绝不是真正的太阳，那么会是什么呢？这种奇异的自然现象又是怎么产生的呢？

有人说是"对日照"现象；有人说是"冕状极光"；还有人认为是超新星爆炸或火流星。甚至有人推测是 UFO（即飞碟）。

但是，这些说法全不正确。

这实际上是大气和光照玩的一场把戏。当太阳降落到地平线以下时，阳光仍然有可能照射到较高层的大气。如果大气中出现密度不同的空气层，下部为密度较大的冷空气，上部为密度较小的热空气时，地平线以下向上射入的阳光就会发生折射，夜空中就呈现出一个太阳的蜃景来。这与人们熟悉的海市蜃楼现象是一回事。由于光线的折射、反射，地球上的人们还发现过"四日并出"、"五日并出"的奇观。

第三章 美丽的卫星——月亮

登上月球，美梦成真

飞到月亮上去，这是人类千百年来的梦想。月球是距离地球最近的天体（约 38 万千米），是人类进行太空探险的第一站。自 20 世纪 50 年代以来，人类探索月球的脚步不断加快。随着空间技术的发展，1959 年，苏联发射的"月球 1 号"飞到月球附近，开始绕月飞行，人类对月球的考察拉开了序幕。

月球距地球平均 38 万千米，是离地球最近的星球，所以，人们选择了月球作为宇宙飞行的第一站。

要想飞出地球，首先必须克服地球的引力。在地球表面抛射一个物体，如果速度达到 11.2 千米/秒，那它就能脱离地球，而飞向月球，这个速度叫做"脱离速度"，也叫"第二宇宙速度"（在高空中脱离速度要小一些）。这么巨大的速度只有用多级火箭才能达到。

实际上，宇宙火箭大都是先沿地球卫星轨道飞行，然后再稍稍加速，就飞出地球了。当火箭飞行到达地球与月球引力相等点（叫做中和点）以后，火箭就可以在月球的引力作用下，自由降落到月球表面。

1959 年，苏联发射的"月球 2 号"探测器在月球着陆，这是人类的航天器第一次到达地球以外的天体，在历史上掀开了新的一页。紧接着苏联又在 1959 年 9 月 12 日，发射了"月球 2 号"火箭，将重达 390 千克的探测器送到月球上。结果探测

器在月面上撞碎了。这种着陆方式叫做"硬着陆"。经过多次硬着陆试验成功后，开始试验"软着陆"。飞行器在飞近月球时要用逆喷火箭，火箭对月面喷气（与前进方向相反），以抵消月球的引力，而慢慢降落在月面上。在这一

月　球

过程中，飞行器所携带的仪器，可以对月球进行摄影及其他探测。苏联于 1966 年 1 月 31 日发射的"月球 9 号"在 2 月 3 日对月球软着陆成功。此后，苏联、美国又进行了多次的月球软着陆试验。苏联于 1970 年发射的"月球 16 号"着陆于月球表面的丰富海，把 100 克月球土壤送回了地球进行研究。

1961 年 4 月 12 日，苏联发射了"东方 1 号"载人宇宙飞船。宇航员加加林成为绕地球做宇宙飞行的第一人。从此，人类开始进入了宇宙空间。

在加加林飞行后一个月，美国就决意要把人送到月球上去。美国航空航天局（NASA）将人类登月计划叫做"阿波罗计划"。阿波罗（Apollo）是希腊神话中"太阳神"的名字。因此，也有人把"阿波罗计划"译为"太阳神计划"。

如何将人送到月球上呢？可能采取的方案有三种：①使用超大型火箭，径直飞往月球，直接着陆；②把宇宙飞船分为两部分，分别发射到环绕地球的卫星轨道上，再由宇航员将它们组装起来，奔往月球；③母船从环绕月球的轨道上发出渡船，使其在月面上软着陆。

1961 年 5 月，美国总统肯尼迪在国会上，提出了在 60 年代末把人送到月球上探测的计划——阿波罗月球探测计划。"阿波罗计划"的任务先是为载人月球飞行做准备（由"阿波

罗" 1～10 号飞船完成），然后进行载人月球飞行（由"阿波罗" 11～17 号飞船承担）。在此之前的 1961 年到 1967 年间，9个"徘徊者"、7 个"勘测者"探测器和 5 个月球轨道器依次对月球进行了考察。它们拍摄了月球的照片，并分析了月球的土壤，为人类登上月球做好了准备。

1962 年 7 月 11 日，美国航空航天局决定采用第三种方案，即"渡船方式"，因为从时间、经费、实现的可能性等方面来看，这个方式是最合适的。

"阿波罗计划"采用的火箭叫"土星 5 号"。总设计师为德国火箭专家冯·布劳恩。"土星 5号"是一个巨型火箭，最大直径为 10 米，高约85 米；飞船高约 25 米，总高约 110 米，有 30 多

月球近景

层楼那么高。火箭分为三级，第一级用 5 台发动机，推进剂为液氧与煤油，总推力为 3400 多吨，第二、三级的推进剂用液氧与液氢，推力为 450 吨与 100 吨。

"土星 5 号"巨型火箭的总功率约为 1471 亿瓦，相当于 50万辆卡车的总动力。它能把 127 吨重的卫星体送入绕地球的轨道，也能把 50 吨重的飞船送入月球轨道。美国先后大约制造了近 20 枚这样的巨型火箭。

在"土星 5 号"巨型火箭的第三级顶端装载着"阿波罗"飞船，"阿波罗"飞船是继"水星"、"双子星座"型两代飞船之后，美国研制的第三代宇宙飞船。它由指令舱、服务舱与登月舱三部分组成。发射时还在指令舱上安装紧急脱险用的火

神奇的太阳系

64

箭，总重量约 50 吨。

指令舱是 3 名宇航员居住的地方，备有飞船全部的操纵、制动等指令装置。在登月完成后，只有指令舱返回地球。

与指令舱相连接的是服务舱，它是后勤供应系统。有推力约 10 吨的可多次启动的发动机，在火箭奔月、绕月与脱离月球引力返回地球时，都要用上这个服务舱。

登月舱由上升段与下降段两部分组成。包括燃料在内，总重量有 14.7 吨。上升段与下降段都配有火箭，下降段用逆喷火箭使登月舱慢慢降落到月面上，下降段在上升段飞离月面时又起着发射架的作用。

登月舱在火箭发射时是放在服务舱之下，当飞船进入奔月轨道后，指令舱与服务舱（合称为母船）与第三级火箭的顶部分离，旋转 180° 以指令舱的锥顶对接登月舱的上升部。这样，在飞向月球时，是登月舱的底脚在前方，因为空间几乎没有空气，不需要流线型的构造。母船与登月舱之间有直径 80 厘米的通道，便于宇航员在两者之间通行。

巨型火箭"土星 5 号"经过五六年的研制，于 1967 年完成。当年 11 月 9 日在佛罗里达州肯尼迪角（1973 年又恢复"卡纳维拉尔角"的名称）宇航中心地发射了 1 号机，接着又发射了 2 号机。1968 年 12 月 21 日发射了 3 号机，载着 3 名宇航员飞往绕月球的轨道，这就是"阿波罗 8 号"飞行。飞行极为顺利。飞船在绕月球 10 圈后，于 27 日返回地球，降落在预定的夏威夷西南面的太平洋海域。

接着在 1969 年 3 月与 5 月，"阿波罗 9 号"和"阿波罗 10 号"飞行试验又获成功。于是美国有充分的信心与把握开始了人类的登月飞行。这就是"阿波罗 11 号"飞行。

随后美国使用"土星 5 号"运载火箭先后向月球发射了 17 艘"阿波罗"飞船。其中"阿波罗"1～3 号是试验飞船，4～6 号是无人飞船，7 号飞船是载人绕地球飞行，8～10 号是载人绕月飞行，11～17 号是载人登月飞行。

1969 年 7 月 16 日发射的"阿波罗"11 号首次让人类登上

了月球。在"阿波罗11号"宇宙飞船上，有3名宇航员，他们是指令长阿姆斯特朗（38岁，空军上校）、指令舱驾驶员考林斯（38岁，空军中校）和登月舱驾驶员奥尔德林（39岁，空军上校）。

带有宇宙飞船的"土星5号"巨型火箭，于1969年7月16日9时32分（美国东部时间）在肯尼迪宇航中心发射。经过75小时50分的飞行，宇宙飞船于7月19日午后1时21分50秒进入绕月轨道。20日午后1时45分登月舱与母船分离，进入通往月面的下降轨道。在午后4时17分40秒登月舱平安地降落在月亮的静海平原上。不久，宇航员阿姆斯特朗从登月舱的梯子下来，于7月20日午后10时56分20秒在月面上留下了人类的第一个脚印。

宇航员在月球表面进行了实地的科学考察，并把一块金属纪念牌和美国国旗插上了月球。两个人在月面上采集岩石标本、安装地震仪和激光反射器，进行了2小时21分钟的月面探测活动。

美国宇航员在月面行走

随后他们返回登月舱休息。21日午后1时54分，他们点燃上升用的火箭，飞离月面，与绕月飞行的母船会合（考林斯在母船中操作）。他们爬入指令舱，丢掉上升段。后来母船开动发动机脱离月球引力区，直奔地球而来。经过两天多的时间，在美国东部时间24日午后0时50分20秒，载着3名宇航员的指令舱降落在太平洋中部。总飞行时间为195小时18分35秒，人类的首次登月飞行顺利地完成了！

此后，美国又发射了"阿波罗"12～17号系列飞船（其中"阿波罗13号"因机械故障没有发射成功），总共有6批21名宇航员参与登月飞行，其中12个人次抵达月面上。宇航员在月面上安装了5座核动力科学实验站，设置了6个地震仪，存放了3辆"月球车"，总共装置了25种自动测试仪器，他们在月面上停留的时间共有298个小时。带回的月球的岩石与土壤标本共472千克，分给世界上70多个国家的100多个试验室（包括我国的物理实验室在内）进行研究。

"阿波罗"登月飞行的成功，开辟了人类通往月球的道路。人们开发、利用月球的设想、计划正在酝酿着。可以相信，未来将有许许多多的人到月球上去旅游或搞开发事业。

利用月球上没有大气的优越天文观测条件，可以在月面上安装甚大的天文望远镜，使用很大的倍率去观测其他天体，人们将获得在地球上所无法得到的天体新信息。

此后对月球的考察几乎是停步不前，直到1994年，美国又发射了"克莱门汀"号无人驾驶飞船，对月球进行了新的地貌测绘，其目的是为在将来建立月球基地和月基天文台做准备。1998年1月6日，"月球勘探者"发射升空，它携带有中子光谱仪探测氢原子，在月球两极的盆地底部发现了水的存在。

宇航员们放在月球上的地震仪记录表明，月球和地球一样，也有一层外壳，其厚度为40～60千米。这个数据是在月面风暴洋和弗拉摩洛等地区测定的。月壳下面是月幔，月幔大致又分为三层：上层月幔厚240千米左右，主要由古代"岩浆海"里沉淀下来的较重物质构成。中层月幔达480千米以上，这里大概还保存着混沌时代形成原始月球的"胚胎物质"。这两层都呈固态而存在着，但具有可塑性。内层月幔处于局部熔融状态。月球的中心部分是月核，远远不如地核那么热（地核温度为5000℃～6000℃），其温度约为1000℃。月核很可能是熔融的，可能是由低熔点的硫化铁物质构成。对月球的探测还发现月球的质量分布不均匀，月球近侧存在几个"质量瘤"的

重力异常区。

在"阿波罗"科学实验站里装设了很先进的月震仪器。经探测，月球上也发生月震，但次数比地震少得多，释放的能量很弱，最大的月震为 1～2 级，远远小于地震。除了陨星撞击引起的震动之外，当月亮离地球最近或最远的时候，由于地球的起潮力作用，也会出现月震。

美国宇航员在月面工作

神奇的太阳系

许多国家的科学家联手对宇航员带回的月岩样品进行了多种项目的研究。经实验室分析：月岩中已发现近 60 多种矿物，其中有 6 种在地面上尚未发现；地球上的全部化学元素，在月岩和月土中都被发现了；在月球没有发现有生命的物质，也无古微生物的证据；在某些月岩中有微弱的剩余磁性；月球样品中留有许多太阳活动痕迹；根据样品的同位素分析，测得月球年龄约 46 亿岁。在大部分被月尘和岩屑覆盖的月球表面上，宇航员发现了各种形状、大小、出现频率不一的岩石，还发现月球表面散布着一些具有光泽的玻璃物质。月尘在各处的厚度各异，薄的地方只有几厘米，厚的地方有 5～6 米。

到达月球的宇航员，在漆黑的月空中看到的地球大而有光亮。月球探测器还在月球空间拍下地球的照片，发现月球上的地球光要比地球上的月光明亮 8 倍多。

20 世纪 50 年代以来，人类对月球探测所取得的成就，远远超过了多少世纪以来的地面观测。"阿波罗"登月成功，开创了人类认识月球的新纪元，是人类科学的结晶。21 世纪初期，中印美日等国又掀起了新一轮的探月高潮，相信随着科学

技术的发展，人类将可能建立沿月球轨道飞行的实验室，巨大的天文望远镜也将在月球上从没有空气的太空观测天空；人类若出发到遥远行星时，将可能把月球作为一个落脚点。

关于月球的难解之谜

1. 月球是从哪里来的

对于月球的起源，科学家提出三种理论，但全都存在着不足。"阿波罗计划"在最大程度上证明，其中看来可能性最小的理论是最佳理论。有些科学家认为，月球是与地球一起，于46亿年以前，来自于一团宇宙尘埃。另一种理论认为月球是地球的孩子，也许是从太平洋地区抠出去的。然而"阿波罗"登月探险的结果表明，地球和月球的结构成分差别很大。有一些科学家提出了另一种假说，即俘获说。他们认为，月亮在偶然中闯入了地球引力场，而被锁定在目前的轨道上。可是，要从理论上解释这一过程的机制，难度相当大。因此，上述三种理论全都没有充足的理由，不能站稳脚跟。正如罗宾·布列特博士所称：要解释月球不存在，要比解释月球的存在更容易些。

2. 月球的实际年龄有多大

令人惊异的是，通过分析从月球带回的岩石标本，发现它们的年龄有99%要比地球上年龄最大的岩石的90%更大。阿姆斯特朗在寂静海降落后捡起的第一块岩石的年龄是36亿岁，它几乎和地球及太阳系本身的年龄一样大，因为地球上最古老的岩石是37亿岁。采自月球上的其他一些岩石的年龄则为43亿岁、46亿岁和45亿岁。1973年，世界月球研讨会上曾测定一块月球岩石，年龄为53亿岁。更令人不解的是，这些古老的岩石都采自被科学家认为是月球上最年轻的区域。根据这些证据，有些科学家提出，月球在地球形成之前便已在星际空间形成很久很久了。

3. 月球土壤的年龄远远超过岩石的年龄

月球古老的岩石已使科学家束手无策，然而，和这些岩石

周围的土壤相比，岩石还算是年轻的。经过研究分析，月球土壤的年龄比岩石至少大 10 亿年。乍一听来，这是不可能的，因为科学家认为这些土壤是岩石粉碎后形成的。但是，检测了岩石和土壤的化学成分之后，科学家发现，这些土壤似乎是从其他世界来的，与岩石没有什么关系。

4. 当巨大物体袭击月球时，月球发出的声音如同一个空心球

在"阿波罗"探险过程中，废弃的火箭第三节推进器"轰"地一下撞在月球表面。据美国航空航天局的文件记载，每一次这样的响声，都会让人感觉到如同一个大铃铛发出的声音。当登月人员到颜色特别黑的平原上着陆时，发现要在月球表面钻孔十分困难。分析月球的土壤样品后发现，其中含有大量地球上稀有的金属钛（它被用于超音速喷气机和宇宙飞船上）；另一些硬金属，如锆、铱、铍的含量也很丰富，令科学家万分不解，因为这些金属必须在很高的高温——约华氏 4500 度下，才会和周围的岩石融为一体。这一发现让人怀疑，月球是否是外星人设计出的一个天体？

5. 月球上的纯铁不生锈

月面岩石样品中还含有纯铁颗粒，科学家认为它们不是来自陨星。前苏联和美国的科学家还发现了一个更加奇怪的现象：这些纯铁颗粒在地球上经过 7 年的时间后仍不生锈。在科学世界里，纯铁不生锈是从未有过的。

6. 月球表层具有放射性

月亮中厚度为 8 英里（1 英里＝1.609344 千米）的表层具有放射性，这个现象也令世人感到惊奇。当"阿波罗 15 号"的宇航员们使用温度计时，他们发现温度高得出奇，这表明，亚平宁平原附近的热流的确温度很高。一位科学家惊呼："上帝啊，这片土地马上就要熔化了！"由此看来，月球的核心一定更热。然而，令人难以理解的是，月心温度并不高。这些热量是从月球表面大量放射性物质发出的，可是这些放射性物质（铀、钍和钋）是从哪里来的？假如它们来自月心，那么它们

是怎么来到月球表面的呢？

7. 干燥的月球上存在大量水汽

最初几次月球探险表明，月球是个干燥的天体。一位科学家曾断言，它的干燥要超过戈壁大沙漠100万倍。最初几次的"阿波罗计划"都没有在月球表面发现任何有水的迹象。可是"阿波罗15号"的科学家们却在月球表面探测到有一处面积达100平方英里（1平方英里≈2.6平方千米）的水汽团。有科学家们认为这是美国宇航员废弃在月亮上的两个小水箱漏水造成的。可是这么小的水箱怎么会产生这样的一大片水汽呢？当然这也不会是宇航员的尿液直接喷射到月球的天空中形成的。看来这些水汽是来自月球内部。

8. 月球表面呈玻璃状

"阿波罗"飞船的宇航员们发现，月球表面有许多地方覆盖着一层玻璃状的物质，这就表明，月球表面可能被炽热的火球灼烧过。正如一位科学家所陈述的一样：月亮上铺着一层玻璃。专家的分析证明，这层玻璃状物质并不是巨大的陨星的撞击产生的，有些科学家相信，这是太阳的爆炸——某种微型新星状态——产生的奇特效果。

月　面

9. 月亮上拥有磁场

早先的探测和研究表明月球几乎不存在什么磁场，可是对月球岩石的分析却发现它的磁场曾经非常强大。这一现象令科学家深感疑惑，保罗·加斯特博士宣称："这里的岩石具有非

常奇特的磁性……这一发现完全出乎我们的意料。"如果月球曾经有过磁场，那么它就应该有个铁质的核心，但可靠的证据显示，月球几乎不可能有这样一个核心；而且月亮也不可能从别的天体（诸如地球）获得磁场，因为假如真是那样的话，它就必须离地球很近，这时它会被地球引力所破坏。

10. 月球内部神秘的物质聚集点

1968年，围绕月球飞行的探测器首次显示，月球的表层下存在着结构聚集的物质。当宇宙飞船飞越这些结构上空时，由于它们的巨大引力，飞船的飞行会稍稍低于规定的轨道，而当飞船离开这些结构上空时，它又会稍稍加速，这清楚地表明这物质聚焦结构的存在，以及它们产生巨大的质量。科学家们认为，这些结构就像一只牛眼，由重元素构成，隐藏在月球表面海的下面。正如一位科学家所称，看来谁也不知道该如何来对付它们。

月球的起源

每当初一、十五的月圆时分，我们举头仰望明月，总不禁要问：这个美丽的银盘是哪里来的呢？尽管我们从小就听过许许多多有关月亮的传说，但我们心里清楚，神话终究不能取代科学。那么，月亮起源的科学解释是什么呢？

对月亮起源的科学解释始于18世纪初，归纳起来可分为四大假说：同源说、分裂说、俘获说、大碰撞说。

1974年以前，对月球的起源存在下面三种假说：第一种认为月球是地球的"夫人"，即捕获假说，认为月球原先是太阳系里的一颗普通的小行星，在一次偶然的机会中它行近地球时被地球引力捕获，而成为地球的卫星。第二种认为月球是地球的"女儿"，即分裂说，认为最初月球只是地球赤道的隆起部分在太平洋范围内。在太阳的引力和地球的快速自转作用下，月球"飞"了出去，分裂为卫星。第三种认为月球是地球的"姐妹"，即共生说，认为月球与地球是从同一片原始星云中凝

聚生成的。

俘获说虽然能解释月球和地球在成分上的明显差异，但是使用电子计算机的模拟表明，由于月球与地球质量相比达到1/81，远远超过太阳系中其他卫星与所绕转的行星的质量比，地球要俘获这样大的一颗星体作卫星几乎是不可能的；况且月球又在近圆的轨道上绕地球转动，质量相对巨大的月球被地球俘获后又要出现这样的一种运行状态，这种可能性几乎等于零。

同源说是最早提出的假说，认为月球和地球具有相同的起源。就像行星是原始太阳星云收缩时甩出的物质发展演化而形成一样，卫星则是行星在收缩凝聚时甩出的物质组成的。同源说的提出者是德国的康德（1724～1804）和拉普拉斯（1747～1827）。但是，同源说无法解释为什么"同源"的地球和月球在物质组织上却有明显差异，地球物质的平均密度是 5.52 克/厘米^3，而月球物质仅为 3.34 克/厘米^3。而且也无法解释既然都是太阳系行星的卫星，为什么月球与地球的质量比是 1/81，而其他卫星与中心星的质量比还不足 1/1000。

19 世纪中叶，进化论创始人达尔文的儿子乔治·达尔文（1845～1912）提出了"月球是从地球分裂出去"的分裂说。他的根据是，月球的平均密度仅相当于地球浅部的密度。所以月球是在地球的一次重大变动中飞离出去的。月球飞出后造成地球表面一个巨大凹陷，就是现在的太平洋。小达尔文的分裂说回答了地球、月球密度差异问题。

但是，"同源分裂假说"也存在着动力学上的致命弱点。假如月球真像这一学说提

法国数学家，天文学家拉普拉斯

出的那样，它是由于原地球的高速自转，从原地球中分离出去的。按照角动量守恒的原理，目前的地月系统应该保留当时原地球的巨大角动量，这就像快速自转的冰上芭蕾舞演员，不论他两手伸开、转速减慢，还是两手收拢、转速加快，他的角动量应该守恒一样。但计算表明，目前地月系统的角动量已经远比能分裂出月球时的原地球小得多。那么巨大的角动量又损失到哪里去了？分裂说无法对这一问题做出合理的解释。

共生说则无法解释为何月球目前的成分与地球有如此大的差异，例如它难以说明：地球是铁多硅少，月球是铁少硅多；地球钛矿很少，月球上却很多；月球密度比地球也低得多。

这样看来，月球很可能既不是地球的"夫人"，也不是地球的"女儿"，更不是地球的"姐妹"。1974年，美国天文学家哈特曼和戴维斯提出了一个碰撞分裂假说，认为在45亿年前，原地球受到一个质量与现在火星相当的天体的深度碰击，于是地壳和地幔的一部分被抛掷出去，撞出的一部分残屑慢慢降回到地球上，另一部分则凝缩成绕地球转动的月球。由于月球是由原地球中低密度的地壳和地幔组成的，因此所形成的月球的密度必然比地球小得多。

此后，一些科学家对这一假说进行了改进和完善，从而越来越多地解释了当今月球的特点。于是它成了当今很多人认可的学说。如果硬要把月球的起源归入地球的"夫人"、"女儿"和"姐妹"三种模式中的一种的话，那么它只能归入地球的"女儿"这一类中，或者说它是其他天体与地球碰撞所生的"女儿"。

瑞典天文学家阿尔文倡导的捕获说认为月球与地球是在不同处形成的，后来一次偶然的机会，月球运行到地球附近，被地球的强大引力所捕获。因为捕获说主张地球、月球有不同的起源，这就能轻而易举地解决二者物质组成上的差异问题。不过，天体力学证实，地球要捕捉月球这么大的一个天体根本是不可能的。

1986年，美国天文学家本兹等人综合了同源说、分裂说和

捕获说的优点，提出了一个崭新的假说——大碰撞说。他们认为在太阳系演化的早期，行星际空间形成了大量星子，星子互相碰撞、吸积而长大。在现在地球、月球所在的空间，星子合并形成一个原始地球和一个火星般大小的天体。由于它们相距较近，彼此相遇的概率很大，一次偶然的机会，火星般的天体以5千米/秒的速度向地球，破裂了。碰撞形成的膨胀气体以极大的速度携带大量粉碎的尘埃飞离地球。飞离地球的尘埃和气体没有完全脱离地球引力的控制，通过互相吸积，最后形成了月球。

大碰撞说得到了一系列地球化学、地球物理证据的支持，成为目前最具说服力的"月球起源"假说。

月球起源的秘密也与宇宙中各种天体形成的秘密一样，将随着人类科学的不断发展被逐一揭开。

月球的起源问题研究的是40多亿年前月球怎样诞生，尽管人类提出了种种理论和假说，然而它是一个十分困难的问题，目前还无法彻底解决。但是，随着世界各国科学家的不断探索，这个难解之谜最终一定能被揭开。

月球发光的原因

你知道吗？晶莹的皓月其实是个自身不会发光的天体。它之所以在人们眼里成了"明月"，全靠太阳光的照射。"日兆月，月光乃出，故成明月。"这是我们都明白的道理。

可是自从1783年著名天文学家威廉·赫歇尔首次发现月球阿里斯塔克环形山附近有一个闪光亮点以来，迄今全世界已观察记录到1400多次月球发光现象了。这些星星点点的闪光主要出现在环形山的周边和中央峰，以及月海盆地边缘一带，持续时间20分钟左右，最长能持续数小时。

不会发光的月球为什么会发光呢？这个问题一直困扰着人们。200多年来，天文学家一直在观测研究，设法解开这个谜。到目前为止，对月球发光现象有几种解释。

"月球火山喷发说"，认为内部活动早已完全停止了32亿年的月球，偶然有零星的小规模的短暂火山喷发也是有可能的。但是，无论是地面望远镜观测，还是探月飞船实地探测，都没找到月球上火山爆发

月球上看地球

留下新鲜熔岩的痕迹。所以，这一说法疑点很多，不足为信。

"太阳辐射说"，认为月球发光与太阳黑子活动密切相关。尽管月球不像地球有稠密的大气保护，然而，太阳辐射是不是就能强烈到直接激励月球表面物质发光呢？这还是值得怀疑。

"地球引力潮汐说"，认为月球过近地点时，月壳受到最强地球引力潮汐作用。进而触发了月震，使密封在月表下的气体从裂缝和断层中释放出来，吹扬了月球表面的尘埃。这些飘飘扬扬的尘埃在月球的真空状态中能滞留20分钟，可以从不同角度反射阳光，就形成了月面的"闪光现象"。但又怎么解释月球背阳光面的闪光呢？这一说也很难自圆其说。

"月岩爆炸说"，这是美国人理查德·齐托根据月球闪光多发生于太阳照射的明暗交界带而提出的最新说法。由于明暗界线上忽冷忽热的温差变化，导致月岩产生如同冷玻璃杯被倒进开水而爆裂的效果。爆裂后漫射电子点燃

月球第谷环形山火山口

76

了月岩所含的挥发性气体氦和氖，因而发出闪光。人们在地面实验室中进行月岩标本爆裂的模拟实验证明，真的会迸发出小火花。所以，这是目前对月亮发光现象最有说服力的一种新解释。

或许，将来你可以彻底解开月球发光之谜。

月亮的美名

月亮，这颗美丽的星球，人类为它编织了许许多多神奇的传说，它也在人类文明史上留下了千古美名。仅在我国古代典籍和文学作品中，就有近90个富有诗意的美称和雅号。

玉兔——"著意登楼瞻玉兔，何人张幕遮银阙。"（辛弃疾《满江红·中秋》）

顾菟——"阳乌未出谷，顾菟半藏身。"（李白《上乐云》）

蟾蜍——"闽国扬帆去，蟾蜍亏复圆。"（贾岛《忆江上吴处士》）

玉蟾——"凉宵烟霭外，三五玉蟾秋。"（方干《中秋月》）

冰轮——"玉钩定谁挂，冰轮了无辙。"（陆游《月下作》）

玉轮——"玉轮轧露湿团光，鸾珮相逢挂香陌。"（李贺《梦天》）

挂魄——"挂魄飞来光射处，冷浸一天秋碧。"（苏轼《念奴娇·中秋》）

婵娟——"但愿人长久，千里共婵娟。"（苏轼《水调歌头·明月几时有》）

其他的名字有：望舒、团扇、阴精、纤阿、丹桂、姐娥、嫦娥、娥眉、太清、清光、金波、银台、银钩、祥钩、垂钩、悬钩、玉钩、玉弓、玉挂、玉环、玉羊、玉宫、玉团、玉盘、玉镜、玉魄、瑶魄、素魄、金魄、圆魄、冰魄、柱魄、银魄、蟾魄、蟾亨、蟾宫、霜蟾、冰蟾、银蟾、瑶蟾、姬蟾、素蟾、圆蟾、金蟾、金盘、霜盘、银盘、圆盘、圆兔、白兔、玄兔、金兔、金轮、斜轮、孤轮、银轮、挂轮、挂镜、飞镜、冰镜、

明镜、秦镜、宝镜、圆镜、破镜、金镜、寒镜、寒宫、广寒、广寒宫、水晶盘、白玉盘、皓魂。

向月球移民的设想

月球是地球唯一的天然卫星，它在人类向太空进发中具有特殊地位。要向太阳系的其他大行星进军，人类须先要征服月球。因此，人类坚持不懈地对月球进行着各种各样的探索。

20 世纪是人类有史以来最辉煌的一个世纪。在这个世纪里，人类第一次走出了自己的摇篮——地球，在寄托了人类几千年美好梦想的月球上留下了自己的足迹。进入 21 世纪以来，人类进军太空的脚步大大加快。首要的目标就是重返月球，在月球上建立空间基地，向月球移民。

向月球移民，就要解决月球上的生命保障、月球生活和工作等一系列基本问题，例如水、空气和食物的供应问题，宇宙辐射的防护问题和月球重力的适应问题。其中，水的问题是最关键的。那么，为什么月球会成为人类太空移民的首选目标呢？

人类把月球当成太空移民的首选目标，一方面是由于距离球近地。1969 年 7 月 20 日，美国的"阿波罗 11 号"宇宙飞船第一次登上了月球。此后，航天专家又陆续对月球进行了多次探索。

更重要的是，人们通过月球探测器拍摄的大量照片发现，月球上可能有水！科学家根据月球探测器传回的数据分析，月球表面的下面分布着星星点点的水冰。它们以很小的储存量分布在月球南北两极数千平方千米的范围内，

登月宇航员采集月球土壤样本

与月球的外壳混为一体。这些水可以填满一条深达 12 米，方圆 10 平方千米的湖泊。月球的两极地区可能存在 1100 万到 3.3 亿吨的冰态水。虽然，这种冰水的用途眼下还不清楚，但是，月球上存在水，给人们在月球上建立永久性实验室或定居带来了希望。因为有了冰，就会有水，就能生成氧气，人类就不必耗费巨资把这两种人类生存的必需品从地球运往月球。或许在不远的将来，月球上真的可能会出现地球移民。

月球与飞碟基地

月球是围绕地球转动的一颗卫星。它围绕地球公转一周和自转一周所用的时间是一样的，因此在地球上看月球，我们永远只能看到它的一面。由于它转动时有点摆动，所以地球上的人们能看到月球 59% 的容颜。而它的背面，地球上的人类很难看到。

1959 年，苏联"月球 1 号"探测器摄取了月球背面的第一幅照片，得到了月球背面的平面图。1966 年，美国"月球轨道环行器"2 号从 46 千米远的距离对月球进行拍摄，从照片中人们惊奇地发现月球面上有高大的塔状物。美国波音飞机公司科学研究所威廉·布赖亚博士，根据这张照片，绘出了高大塔状物的草图，并感觉它很像是有建筑物的基地。前苏联空间工程学家亚历山大·阿布拉莫夫研究过照片后指出："如果对这些月面物体进行分类的话，事实上它们与埃及开罗郊外的大金字塔群极其相似！"月面上高大塔状物的排列方式与埃及金字塔顶点的排列方式完全一样。西方一些科学家据此推断，月球上塔状物是出自于外星人之手。

近年来许多西方报纸、杂志和书籍报道，在月球背面的陨石坑内，发现了一架第二次世界大战期间失踪的美国轰炸机，它可能是被外星人偷走并存放在月球背面的。但并没有证据实此事。

月球背面是外星人飞碟活动的一个基地吗？迄今为止仍是

一个尚未揭晓的谜团。

月球上的神秘脚印

1969 年，美国"阿波罗 11 号"宇宙飞船成功地登上了月球。然而，当宇航员登上其表面时，却惊奇地发现，月球上已有 23 个人类的脚印存在。他们用照相机将脚印拍摄了下来。

在过去的几十年中美国当局一直对此保密。直至在一批飞碟研究人员的要求下，时任美国总统克林顿才公开了这些档案。经过研究，美国天体物理学家康穆蓬对美国新闻媒体说："显然，在月球上发现人类的脚印是令人吃惊的。有人在美国之前已经登上了月球，而且没有穿宇航服。"康穆蓬还说，据登上月球的宇航员称，这些脚印毋庸置疑是属于人类的，而且留下的时间还不久。

这些脚印从何而来呢？

无独有偶。不久前美国科学家在研究哈勃太空望远镜拍摄的月球表面照片时，竟然惊奇地发现了一条巨蛇的化石。进一步研究表明，这种巨蛇赖以生存的食物可能是一种长达 15 米以上的超级啮齿动物，如蜥蜴、恐龙等。

月球背面环形山

结合对月球矿物质的分析，科学家们发现亿万年前，月球上的生存条件远比地球优越。当时月球上的含氧量很高，从而使月球上的动植物个体要比地球上的大数十倍乃至数百倍。分析还表明，对生物至关重要的元素，当时月球上拥有的也比地球上要多。

那么，月球上的脚印究竟是谁留下的呢？是曾在月球上生存过的月球人，还是茫茫宇宙中现在生存的外星人呢？一切还有待于科学家进一步研究与揭示。

美国人有没有登上月球

1999年7月中旬，墨西哥《永久周刊》科技版刊载了俄罗斯研究人员亚历山大·戈尔多夫发表的题为《20世纪最大的伪造》的文章，对美国30年前拍摄的登月照片提出质疑。不仅许多报刊纷纷转载了这篇文章，而且立刻引起了广大读者的密切关注。

一时间，沉寂了一时的关于"阿波罗"登月真伪的讨论再次火热起来。据美国一家权威的社会调查机构统计，竟有10%（约2500万）的美国人认为：所谓"阿波罗"登月，是美国宇航局制造的一个大骗局。奇怪的是，迄今为止未看到美国官方对此有任何正式反应。时年69岁的美国宇航员阿姆斯特朗依然健在，为何不让他出来澄清事实？是美国宇航局对此根本不屑一顾，还是确有难言之隐？各国新闻媒体颇有要对此进行一番调查采访的势头。

按照被普遍接受的观念，在美苏竞争的20世纪50年代末至60年代初，在航天竞赛中处于劣势的美国人决心不惜一切代价，重振昔日科技和军事领先的雄风。1961年，美国总统肯尼迪正式宣布，美国要在20世纪60年代末实现把人送上月球的目标，这就是举世闻名的"阿波罗登月计划"。

1969年7月16日上午，巨大的"土星5号"火箭载着"阿波罗11号"飞船从美国肯尼迪角发射场点火升空，开始了人类首次登月的太空飞行。参加这次飞行的有美国宇航员阿姆斯特朗、奥尔德林、考林斯。在美国东部时间下午4时17分42秒，阿姆斯特朗的左脚小心翼翼地踏上了月球表面，这是人类第一次踏上月球。

接着，他用特制的70毫米照相机拍摄了奥尔德林降落月

球的情形。他们在登月舱附近插上了一面美国国旗，为了使星条旗在无风的月面看上去也像在迎风招展，他们通过一根弹簧状金属丝的作用，使它舒展开来。接着，宇航员们装起了一台"测震仪"、一台"激光反射器"……在月面上他们共停留了21

阿波罗11号全体宇航员，左起依次为，
阿姆斯特朗科林斯，奥尔德林

小时18分钟，采集了22千克月球土壤和岩石标本。7月25日清晨，"阿波罗11号"指令舱载着三名航天英雄平安降落在太平洋中部海面，人类首次登月活动宣告圆满结束。

　　然而，时隔30多年，戈尔多夫却公开发表文章对美国拍摄的登月照片表示怀疑。他认为，所谓美国宇航员在月球上拍摄的所有照片和摄像纪录片，都是在好莱坞摄影棚里制造出来的。他强调，他是在进行了认真的科学分析和认证后作出这一结论的。其主要理由如下：

　　（1）没有任何一幅影像画面能在太空背景中见到星星；

　　（2）图像上物品留下影子的朝向是多方向的，而太阳光照射物品所形成的阴影应是一个方向的；

　　（3）摄影记录中那面插在月球上的星条旗在迎风飘扬，而月球上根本不可能有风把旗子吹得飘起来；

　　（4）从摄影纪录片中看到宇航员在月球表面行走同在地面行走没什么不同，实际上月球上的重力要比地球上的重力小得多，因而人在月球上每迈一步就相当于人在地面上跨越了5～6米远；

　　（5）登月仪器在"月球表面移动"时，从轮子底下弹出的小石块的落地速度也同在地球上发生同一现象的速度一样，而

在月球上这种速度应该比在地球上快 6 倍。

戈尔多夫表示，他质疑 30 多年前美国宇航员"拍摄"的登月照片和摄像记录，并不是否定当年美国宇航员登月的壮举。他认为，美国宇航员当时是接近了月球表面，但因技术原因未能踏上月球。由于当时美国急于向全世界

阿波罗 11 号宇航员在月球留下的脚印

表现自己，因而伪造了多幅登月照片和一部摄影纪录片，蒙蔽和欺骗了世人几十年。他说，美国著名工程师拉尔夫·勒内、英国科学家戴维·佩里和马里·贝尔特都对他的这一质疑表示赞同。

无独有偶，自称参与了"阿波罗登月计划"工作的比尔·凯恩教授曾写了一本名为《我们从未登上月球》的书，书中对"阿波罗登月计划"也列举了一些疑点，甚至认为：载有宇航员的火箭确实发射了，但目标不是月球，而是人迹罕至的南极，在那里指令舱弹出火箭，并被军用飞机回收。随后宇航员在地球上的实验室内表演了登月过程，最后进入指令舱，并被投入太平洋，完成整个所谓的登月过程。

真实与骗局，就像硬币的正面与反面，永远走不到一起。"阿波罗登月计划"是否是一场骗局的问题，在美国引起了强烈反响。以著名物理学教授哈姆雷特为代表的人士肯定"骗局论"，他们认为"阿波罗"登月事件造假的依据有：

（1）"阿波罗"登月照片属伪造。根据美国宇航局公布资料计算，当时太阳光与月面间的入射角只有 6°~7°，但那张插在月球的美国国旗的照片显示，阳光入射角大约近 300°，照片中出现的阴影夹角应该在"跨出第一步"后 46 小时才可能

得到。

（2）"阿波罗"登月录像带在地球上摄制通过。录像分析，宇航员在月面的跳跃动作、高度与地面近似，而不符合月面行走特征。

（3）月面根本没有安装激光反射器。根据美国某天文台的数据可以计算得知，现在在地球上用激光接收器收到的反射光束强度只是反射器反射强度的1/200。其实，这个光束是由月球本身反射的太阳光。也就是说，月球上根本没有什么激光反射器。

（4）"阿波罗登月计划"进展速度十分可疑。美国直到1967年1月才研制出第一个"土星5号"，1月27日进行首次发射试验，不幸失火导致三名宇航员被熏死。随后登月舱被重新设计，硬件研制推迟了18个月，怎么可能到1969年7月就一次登月成功呢？

（5）对"土星5号"火箭和登月舱的质疑。现代航天飞机只能把20吨载荷送上低轨道，而当年的"土星5号"却能轻而易举地把100吨以上载荷送上地球轨道，将几十吨物体推出地球重力圈，为什么后来却弃而不用？据说连图纸都没有保存下来。

（6）温度对摄影器材的影响。月面白天可达到121℃，据图片看，相机是露在宇航服外而没有采取保温措施。胶卷在66℃就会受热卷曲失效，怎么又能拍得了照片？

这些质疑者认为，对以上这一切疑点美国政府一直没个交代，而知情者由于担心人身安全受到威胁，至今对此沉默不言。但相信不久的将来，这些疑问都会得到解答。

不过，也有许多人认为"阿波罗登月计划"不可能造假：

（1）因为该计划当时是在全球实况转播的，近亿人亲眼看到。另外，宇航员还从月球带回了一些实物，如岩石和月土。

（2）美国政府不会拿信誉开玩笑。如果是一次骗局，他们根本不需要冒这么大的风险实况转播，而只需事后发表一些照片即可。否则万一有个闪失，美国政府要承担很大后果，甚至

会名誉扫地而一蹶不振。

（3）美国宇航局有成千上万的科技、工程人员，绝大多数人都会持科学的态度，不会视严肃的科学问题为儿戏。如果登月计划是一场骗局，不仅全体参与者的人格将受损，而且，让几万人守着谎言过几十年，实非易事。

航天飞机

（4）美国的传媒几乎是无孔不入。假如政府有欺骗行为，各大媒体一定会大做文章。而至今美国新闻界并没有对此大肆渲染，其中必有一定道理。

（5）揭露证据还不充分。有人指出，哈姆雷特的理由是不够充分和严谨的。用几张照片和录像来判断登月是骗局，如同用数学归纳法来证明哥德巴赫猜想一样可笑。

在激烈的争论中，1999 年 7 月 20 日，美国在华盛顿国家航空航天博物馆举行仪式，纪念人类首次登月 30 周年。美国副总统戈尔向当年乘"阿波罗 11 号"在月球着陆的三名宇航员授予了"兰利金质奖章"，以表彰他们为航天事业做出的贡献。这多少表示了美国政府对此的态度。但是，阿姆斯特朗依然拒绝参加任何记者招待会、签名或合影，30 年来，他选择的只是沉默。这又给人们留下了一个巨大的疑惑。

那么，美国宇航员首次登月是否着陆了？美国登月计划是否真的是一场骗局？人们急切地期待着知晓真正的答案。

摧毁月球——科学还是疯狂

月球是地球的一颗卫星，自古以来，月球一直与人类为

伴，成为人类历史和生活中的一部分。如果月球真的永远地从我们的视野里消失，那该是一种怎样的情况？曾经有五位俄罗斯科学家认为，月球是地球许多自然灾害的祸源，并向俄政府提出了一项令人瞠目结舌的建议——摧毁月球。

他们的理由是：月球是地球的一只体格庞大的"寄生虫"，月球强大的引力导致地球自然灾害不断，是地球上的祸源。

如同某部科幻片中的情节，人们不禁要怀疑提出这一建议的人是个疯子，其疯狂程度让人震惊。然而，"摧毁月球"既不是科幻中的情节，提出这一建议的科学家也自认为他们不是疯子，他们都是俄罗斯响当当的科学家。他们声称，提出这一建议，绝非心血来潮，而是有着充分的根据，是他们多年研究后得出的结论。

提出摧毁月球的几位科学家中，为首的科学家名叫弗拉迪米尔·克鲁因斯基。他在世界物理学界的名气并不是很大，但在俄罗斯却是一位受人尊敬的天体物理学家，也是"摧毁月球"计划最坚定的支持者。他指出，俄罗斯位于北半球，大部分国土靠近北冰洋，冬季太过漫长，不仅农业生产受到极大影响，冰天雪地的生活也让许多人望而生畏。之所以出现这样的情况，长久以来被视为人类朋友的月球扮演了不光彩的角色。克鲁因斯基因此联合其他四名顶尖物理学家，展开了"月球对地球的影响"这一课题的研究，并最终提出了大胆建议：摧毁月球！

这些科学家认为，摧毁月球，将使整个地球成为人类生存的天堂，俄罗斯寒冷的冬季会从此一去不复返。克鲁因斯基表示，很多人听到摧毁月球的设想后大吃一惊，这是可以理解的，毕竟千百年来，月亮在人们的心目中建立起了自己的"声望"。可是稍微有些天体物理学常识的人都知道，月亮其实是地球的枷锁，它就像一个链球，紧紧地拉着地球，使得地球的自转速度变慢，使得海潮起起落落。所以，说月球是地球的一只体格庞大的"寄生虫"并不为过。

那么，摧毁月球对地球乃至人类究竟有哪些好处呢？克鲁

因斯基解释说：“消灭月球，人类就消灭了饥饿，消灭了地球上许多的灾难与痛苦。”这位物理学家接着分析说：“月球强大的引力将地球拉歪了，使得地球在自转的同时，以一种笨拙的倾斜的姿势绕着太阳转，因此使得地球上的气候变化无常。”在俄罗斯，每到冬天，寒气逼人，几乎一切作物都停止了播种与生长。在同一时间，无情的旱灾会肆虐非洲大陆。

因此，只要将月球摧毁，地球没有了月球引力也就不再倾斜。如果地球的倾角变成0°，这就意味着季节变化从地球上消失，整个地球就会拥有适宜的气候，有些地方则会拥有永恒的春天。到那个时候，现在的沙漠会变成绿洲，农作物会茁壮成长。全世界的孩子们也就不会忍饥挨饿，这将是整个人类的福音。

事实上，“摧毁月球，造福人类”这一惊人构想并非克鲁因斯基和他的同事们首次提出来的。早在1991年，《世界新闻周刊》便报道说，美国爱荷华州立大学数学教授亚历山大·阿比安就曾提出类似的想法。当时，阿比安在接受这家周刊的采访时口气异常坚定地说：“我现在无法预测人类何时会摧毁月球，但这件事似乎是不可避免的。”阿比安同样是从为人类造福的角度提出摧毁月球这一建议的。

《纽约时报》援引当年负责对这一计划进行绝密研究的科学家莱昂纳德·雷费尔的话说，美国空军是在月球上引爆原子弹计划的支持者，因为苏联于1957年成功地发射了世界上第一颗人造地球卫星。在航天方面，美国人落在了苏联人的后面，在月球上引爆原子弹，可以提升美国人的信心。然而，经过仔细权衡，美国空军高层认为这一计划的风险已经远远超过了从中获得的好处，因此，在月球上引爆原子弹的计划才以流产告终。

那么，在人类现有的条件下，是否有可能使月球从地球眼前蒸发呢？克鲁因斯基认为，现在的问题不是人类有没有能力摧毁月球，而是俄罗斯和其他国家是否同意这么做。他指出，摧毁月球计划并不复杂，只需要借助核武器，就能把地球从月

球的阴影下解放出来。

克鲁因斯基透露，摧毁月球对于今天的人类来说，是一件非常简单的事情。只需要在俄罗斯的"联盟"型火箭上装上 6000 万吨级的核弹头，然后将它们射向月球即可。他说："我们（俄罗斯）现在拥有成百上千枚核武器，这些可怕的武器不仅没有多少实际用处，关于裁减核武器的谈判还耗时费力。用它们来摧毁月球，也算是为人类造福了。"

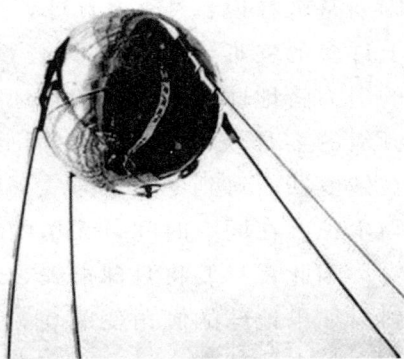

世界上第一颗人造地球卫星

据悉，这五名科学家已经把他们的建议郑重地提交俄罗斯政府。克里姆林宫一不愿透露姓名的内幕人士表示，这一建议不仅让政府高层觉得新鲜，也给他们留下了深刻印象。政府向这些科学家许诺，将对这一建议的可行性进行认真研究。

你能接受一个没有月球的世界吗？

第四章　我们的生命家园——地球

我们美丽的家园——地球

　　地球是人类和一切动植物的生命家园，它的形状如何，又来自哪里？早在数百万年前，人类就对自己的家园——地球，产生了许多美丽的遐想，编织出了许多动人的神话与传说。中国古代就流传盘古开天辟地的故事，古希腊神话讲宇宙是诞生于混沌之中。最先出现的神是大地之神——该亚，天空、陆地、海洋都是由她而生，因此人们尊称她为"地母"。

　　从年龄上来看，地球已经是一个老寿星了，它的年龄有46亿岁，起源于原始太阳星云。在三四十亿年前，地球已经开始出现最原始的单细胞生命，它们慢慢地逐渐进化，演变成各种不同的生物。

　　地球的内部结构可以分为地壳、地幔和地核三层。地球的平均赤道半径为6378.14千米，超过极半径21千米。在地球引力的作用下，地球的周围聚集着大量的气体，这些气体形成一个巨大的包层，这便是地球大气层。

　　地球如同一个陀螺一样，沿着自转轴自西向东持续地旋转着。它

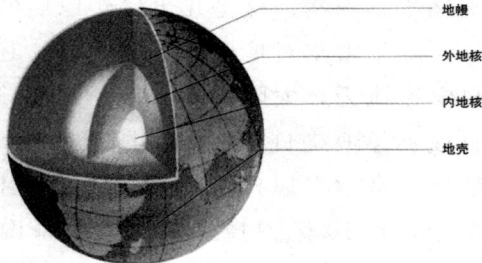

地幔
外地核
内地核
地壳

地球内部结构

的自转周期为 23 小时 56 分 4 秒，约等于 24 小时。同时，地球还围绕太阳进行着公转，公转轨道的半径达到 149597870 千米，公转轨道形状呈椭圆形，公转一周要 365.25 天，称为一年。

地球到底多少岁了

地球到底还能存在多久呢？

科学家们认为，若任凭地球自由自在地运转，恐怕它会永远存在下去，但要是有别的外来因素干扰它，地球就可能有灭亡之时。

外来因素首先是太阳，因为它是离地球最近的、能够左右地球命运的星球之一。也就是说，地球上一切能源、动力都来自太阳，太阳一旦有个三长两短，势必殃及地球。20 世纪 30 年代以前，人们一直认为太阳总有一天会燃尽能量，由白转橙再变红，最后变成一颗万籁俱寂的黑暗星体，了却其灿烂辉煌的一生。

到了 20 世纪 30 年代，当物理学家了解了太阳发光发热的奥秘后，情形就大不相同了。原来，太阳的能量来自于它的热核反应，太阳的一生将度过引力收缩阶段、主序星阶段、红巨星阶段以及致密星阶段。其中主序星阶段是太阳的稳定时期。这一阶段将持续 100 亿年。目前太阳只度过了一半时间，正处于中年时期。一旦太阳到了红巨星阶段，那么地球的末日也就来临了。当然，这是几十亿年以后的事。

除了太阳对地球的干扰之外，还有没有其他因素呢？有的科学家认为，太阳可能有一个兄弟——太阳的伴星，这颗伴星日夜不停地绕日运行，每隔 2600 万年，就会转到离太阳最近的地方来"兴风作浪"，它的强大引力将引起众多彗星的强烈扰动，有 10 亿颗彗星将在太阳系内横冲直撞，地球和其他行星都将成为这些彗星的"靶子"。如果与地球相撞的彗星的质量足够大，那后果就不堪设想：轻者生物灭绝，生态剧变；重

者山崩地裂，地球便会"粉身碎骨"。然而，这颗可能会给地球带来不测的太阳伴星并没有被人们发现，不过许多科学家相信它的存在。

究竟地球将受到来自空间哪一方的打击而遭毁灭？地球何时寿终正寝呢？一切都还没有答案。

地球的转动

众所周知，地球在一个椭圆形轨道上围绕太阳公转，同时又绕地轴自转。因为这种不停的公转和自转，地球上才有了四季的变化和昼夜更替。然而，是什么力量驱使地球这样永不停息地运动呢？地球运动的过去、现在、将来又是怎样的呢？

人们最容易产生的错觉是认为地球的运动是一种标准的匀速运动，否则，一日的长短就会改变。伟大的科学家牛顿就是这样认为的。他将整个宇宙天体的运动，看成是上好发条的机械，准确无误，完美无缺。

其实，地球的运动是在变化着，而且极不稳定。根据"古生物钟"的研究发现，地球自转速度在逐年变慢。如在 4.4 亿年的晚奥陶纪，地球公转一周要 412 天；到 4.2 亿年前的中志留纪，每年只有 400 天；3.7 亿年前的中泥盆纪，一年为 398 天。到了 1 亿年前的晚石

太空中看到的地球陆地

炭纪，地球公转一周约为 385 天；6500 万年前的白垩纪，每年

约为 376 天；而现在一年只有 365.25 天。据天体物理学的计算，证明了地球自转速度正在变慢。科学家将此现象解释为是由于月球和太阳对地球的潮汐作用引起的。

石英钟的发明，使人们能更准确地测量和记录时间。通过石英钟计时观测日地的相对运动，发现在一年内地球自转存在着时快时慢的周期性变化：春季自转变慢，而秋季却加快。

科学家经过长期观测认为，这种周期性变化与地球上的大气和冰的季节性变化有关。此外，地球内部物质的运动，如重元素下沉、向地心集中，轻元素上浮，岩浆喷发等都会影响地球的自转速度。

除了地球的自转外，地球的公转也不是匀速运动。这是因为地球公转的轨道是一个椭圆形，最远点与最近点相差约 500 万千米。当地球从远日点向近日点运动时，离太阳越近，受太阳引力的作用越强，速度越快。由近日点到远日点时则相反，运行速度减慢。

还有，地球自转轴与公转轨道也并不垂直；地轴也并不稳定，而是像一个陀螺在地球轨道面上做圆锥形的旋转。地轴的两端并非始终如一地指向天空中的某一个方向（如北极点），而是围绕着这个点不规则地画着圆圈。地轴指向的这种不规则，是地球的运动所造成的。

科学家还发现，地球运动时，地轴向天空划的圆圈并不规整。就是说地轴在天空上的轨迹根本就不是在圆周上的移动，而是在圆周以外做周期性的摆动，摆幅为 9″。

由此可知，地球的公转和自转是许多复杂运动的组合，而不是简单的线速或角速运动。说得形象些，地球就像一个年老体弱的病人，一边时快时慢、摇摇摆摆地绕日运动着，一边又颤颤巍巍地自己旋转着。

地球还随太阳系其他行星围绕银河系运动，并随着银河系在宇宙中飞驰。地球在宇宙中运动不息，这种奔波可能自它形成之初起便开始了。

就现在地球在太阳系中的运动而言，其加速或减速都离不

开太阳、月亮及太阳系其他行星的引力。人们对于地球的运动，有许多难解的问题：地球最初是如何运动起来的呢？未来将如何运动下去？其自转速度会一直变慢吗？地球的运动需要消耗能量吗？如果是这样，地球消耗的能量又是从何而来？它如不需消耗能量，那它是"永动机"吗？最初又是什么使它开始运动的呢？存在着所谓第一推动力吗？

第一推动力的概念，至今还只是一种推断。牛顿在总结发现的三大运动定律和万有引力定律之后，曾耗尽其后半生精力来研究、探索第一推动力。他的研究结论是：上帝设计并塑造了这完美的宇宙运动机制，且给予了第一次动力，使它们运动起来。而现代科学的回答是否定的。那么，地球，乃至整个宇宙的运动之谜的谜底究竟是什么呢？

地球会去向何方

人类对天与地的认识总是不断加深的。

天圆地方，太阳绕着地球转的观念统治了几千年的人类文明史，直到哥白尼将这颠倒了的概念再颠倒过来，提出了太阳为中心的理论。过了近3个世纪，1718年，天文学家哈雷使人类的视野和认识又深入了一个层次。他在研究星空时，将天狼星、大角星、毕宿五等星的位置跟托勒密（希腊著名天文学家）星表相对照。令他感到惊讶的是，原来这些恒星都在运动。这一发现打破了星体是"钉"在宇宙中的古老说法，恒星也就不"恒"了。

到了20世纪初，沙普利基本上完善了银河系的模型，这是人类在认识上的又一进步，尽管对银河系的探索始于18世纪的赫歇尔。同时，天文学家曾多次认证了恒星具有一个普遍的运动，并把这种运动与银河系的模型相结合，说明了太阳和其他恒星都围绕着银河中心运转。现在人们认为，银河系的跨度至少有10万光年，现拥有2000亿个太阳质量。到了20世纪60年代，天文学家告诉我们，银河系跟近旁的星系，形成了一

个大家庭，称本星系群，它积聚了 20 个星系。与此相类似，在本星系群周围的天域，其他的星系也有这样的集聚，一般称星系团。这种星系团在更大的尺度上形成超星系团。我们所处的太阳系属于一个名叫室女超星系团的大天域。在这里约团聚了 10 万个星系。真是天外有天，天上有天，一层套一层。

尼古拉·哥白尼

在这样的宇宙结构中，地球又是怎样运动的呢？地球一方面以约 30 千米/秒的速度绕太阳而行，另一方面它与整个太阳系一起，以约 250 千米/秒的速度围着银河系中心运转，现在它正朝着天鹅座方向奔

美丽的星空

去，而银河系与本星系群一起以约 600 千米/秒的速度向长蛇座方向飞驰，室女超星系团和其临近的 3 个超星系团，都被某个未见到的巨大天体所牵动。但覆盖在所有各种天体运动之上的，是宇宙膨胀运动。如此纷繁复杂的天体运动图景，不禁使人感到宇宙是如此的浩瀚，人类的智慧又是那么不够使用，以至于无法知晓整个宇宙的奥秘。

1986 年，伯尔斯汀等 7 位科学家发现了一个所谓南向天体流。原来室女超星系团连同它近旁的 3 个超星系团，都以 700 千米/秒的高速向南飞去，就像有一只看不见的巨手，把它们

猛拉过去。

这一发现对科学界来说是个不小的震动，它的发现足以威胁到目前流行的大爆炸宇宙论。因为"南流"的一个最可能的解释是，在长蛇半人马超星系团之外，可能隐藏着一个巨大的物质积聚，这让宇宙学家颇为意外，并很难解释。长期以来他们认为，宇宙在大尺度上是平滑的，物质分布是均匀的。后来又认识到，宇宙的结构要比人类原先想象的复杂得多，不仅星系结成星系团、超星系团，而在星系团之间镶以巨大的空穴，形成一种纤维状结构。而今又观测到，能把几个超星系团拉着跑的巨大物质积聚，这使得宇宙物质成团性的尺度，超出了现行理论的范围。

按大爆炸论，宇宙起源于150亿年之前的一个高温、高密度火球的爆发，然后一直膨胀至今。美国天文学家哈勒在20世纪20年代观察到所有的星系都在退行，为膨胀宇宙找到了第一观测证据。人们以 Ho 值表示宇宙膨胀速度。目前对 Ho 值有两种估算。一种是 50 千米/秒·百万秒差距，它的意思是，当观察者向深空望去，每深入百万秒差距（约 330 万光年），星系的退行速度就会因宇宙膨胀而加快 50 千米；另一种则为 100 千米/秒·百万秒差距。Ho 值之所以难以确定，实在是星系运动太复杂了。

如果宇宙物质分布是完全均匀的，星系严格地遵守哈勃定律退行，那么 Ho 值的测定也不难了。可是真实的宇宙并非十分均匀，故星系也不能够严格地服从哈勃定律。绝大部分星系都属于星系团，而后者又属于超星系团，且形成纤维状结构或"哈勃泡"，延展着 10 亿光年左右。物质分布的这种非均匀性，使得宇宙动力学复杂化了。对于宇宙膨胀来说，星系间的引力作用，起到了一种"刹车"的效果。所以观测局部天域，看不出纯"哈勃流"，只是得到一个减速的膨胀率。若我们在更大范围上来看，譬如越出本星系群，立刻可见到宇宙膨胀的效应，但这还是打了折扣的，因为近旁还有无数星系，免不了受到自身引力网的纠缠，一旦跨出室女超星系团的范围，即在超

星系团际的水平上，就能看到哈勃流，也即纯宇宙膨胀速度。而南向天体流也就是在这里露面的。

二十几年前，一批专家发现的这个南向天体流，其速度在500千米/秒左右。这令人吃惊的，倒不是其速度，而是其方向。这表明，这些超星系团受到其他力的影响，从而形成了叠加在宇宙膨胀之上的一种运动。不过当时科学界对这些发现反应冷淡，把它看做是一种取样偏差所造成的后果。

可是如今据"南流"的数据来看，它丝毫无误。伯尔斯汀等人研究了约400个椭圆星系，并观测到室女超星系团及其附近的超星系团都向南漂流，其速度在700千米/秒左右。

一些理论家认为，这一南流的起源可能来自一个宇宙性的物质积聚的引力，果真如此，则要寻找它的庐山真面目，眼下还是比较困难，因为这一南流矢量处在银河平面之后，可见光被其所阻，当然，用其他的电磁辐射探测手段还是可行的。

还有一种看法是，我们的室女超星系团及其邻居皆从属于某个特超星系团，而后者又是一个还要大的特大超星系团的一部分，也就是说，天外还有天，而这个天，我们迄今尚不知悉。曲莱隆打算记录南流矢量附近的1400个星系的红移值，以查明那里是否存在着一个超密的星系积聚，以及它们是否显出速度异常。如果确是如此，那将说明确有特超星系团这样的更大宇宙结构。

也有较少的研究者提出相反的看法：南流并不威胁膨胀宇宙的理论，哈勃流仍是宇宙的主宰，因为这种南流的速度不会超过宇宙膨胀率的15％。但他们承认，这样的发现的确使得现行的宇宙演化理论复杂化了，很明显，宇宙在大尺度上是均匀的。这个证据主要来自宇宙微波背景辐射，因它具有99.8％的各向同性。按理论，这一辐射是宇宙原始大爆炸的余晖，若宇宙在大尺度上是不均匀的，那么势必在这一辐射的不同角度上显出差异。但同样明显的是，宇宙的不均匀性，要比过去理论家所推测的大得多。这一事态，使科学家处在宇宙的均匀性与成团性的两种观点之间。

也许人们一直考虑的暗物质，能伸出解围之手，它们可能是一些大量的、奇怪的亚原子粒子；也可能是宇宙绳，它早已把原始物质吸积成特超星系的凝乳，或者是以超对称弦构成的影子宇宙，正牵着我们向它飞奔而去。

所有这些都是可能的，有待于进一步的探索。我们可能正处在一个大突破的前夜，不久的将来或许会看到科学界找出答案。

地球的外衣——大气层

古希腊的亚里士多德曾推想：地球由四个层次构成，它们是土层、水层、空气（即大气层）和火层（这只能在闪电时偶然见到）。

1644 年，托里切利和维瓦尼通过实验证明大气是有重量的，因而也必然存在有限的高度。不仅如此，他们甚至推算出了大气层的厚度大约是 8 千米。

到了 1662 年，波义耳通过实验得知，气体受到压力时体积会收缩，所以在大气层的垂直方向上，海平面上的大气最为稠密，越向上越稀薄。这样，人们开始意识到大气层厚度绝对不止 8 千米。如果再考虑到气温的变化，那么大气层的上界在何处这个问题，就变得更为复杂了。

很多科学家为了探索这一课题，做了不懈的努力。到了 20世纪 40 年代，火箭技术获得了成功，人们用火箭探测到大气上界的限度已超过 400～500 千米。后随着空间技术的发展，人们发现极光大约出现在

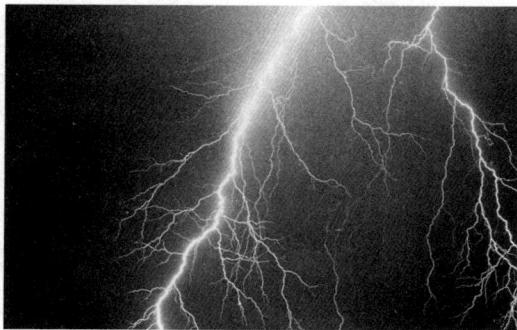

闪　电

97

800～11200 千米的上空，因此有的科学家把 1200 千米作为大气的物理上界。

随着对大气层的不断认识，美国科学家施皮策又把 500～1600 千米的高度称为"外大气圈"，并认为大气由这一高度逐渐消融到星际特质当中去了。

目前，天体物理学研究表明，大气层上界大约是 2600～3000 千米。

还有一些科学家不断提出新的观点。如比利时的尼克莱发现 320～1000 千米高度范围，存在一个"氦层"，在"氦层"以外，还有一层更稀薄的"氢层"，它可能延伸到 64000 千米左右的高空。

地球上大气上界的高度，常常是因科学家们的判断的依据和目的不同而造成数据相差很大，因此要精确划定大气层上界的高度，可能始终是科学研究的一个难题。

地球是太阳系的幸运儿

如果给我们一个原始的地球，那么所有现在我们身边的地球生命都几乎无法生存。可以说，是一代一代延续下来的生命支撑起今天的蓝天白云。在地球 46 亿年的生命进程中，无数存在过的生命经过不断地进化、自然选择，亡者的尸体构成了我们立足的基石。

这样说是有充分证据的，在我们脚下的土地中，含有大量的碳酸钙，著名的喀斯特地貌就是最典型的碳酸钙地貌，它们能够被雨水侵蚀出诸如桂林山水那样的美丽风景。这当中，碳酸钙就是生命的尸体，否则它们就是二氧化碳。因为在自然界中，二氧化碳是不能被无机物吸收的。假如地球上没有生命，地球就只能是一颗充满二氧化碳的星球；或者说，地球上曾经有过的二氧化碳量是今天的 20 万倍。

这就意味着，地球早期的气温比现在高 100℃多。在太阳系里，最有可能有生命存在的，除了地球外就应该是金星了。

因为它的体积大小和地球几乎完全一样，也就是说，它的引力和地球一样。而且，金星上也应该都具备水存在的条件。也许，金星就是一个备用的地球，这在宇宙中大概是不多见的。也许就是因为同时有地球和金星这两颗几乎完全相同的星球，最终在太阳系出现了生命。

当然，最终的幸运属于我们地球。但是，如果生命选择了金星，那也无可厚非，而这只取决于太阳的状态。假如我们的太阳比现在要小一些，那么很有可能幸运者就是金星，而不是地球。

所谓太阳的状态，就是指它的温度和引力。现在的太阳的温度对于金星来说显然

金　星

是太热了一些，而对于地球就非常合适。然而，只要太阳温度变化一点点，大约20℃，它就会变得对金星合适而对地球不合适了。所谓温度变化，就是太阳质量的大小，只要太阳比现在小十分之一，那么今天就可能是金星上的智慧生命研究地球了。

地球和金星在温度上的差异可能就是一场大雨，因为早期地球的表面温度也不低，但是那些在厚厚的大气中游荡的水分子还是得到了机会最终落到地表上。尽管46亿年前的地球上雨水温度很高，几乎像热水浴一样，但毕竟是能够落下来了。而且，由于当时地球上的二氧化碳非常浓，地球的大气压也远比今天高得多，所以水要达到150℃以上才会沸腾。

总之，早期的地球到处都是像火锅一样的地方，而早期的

生命和有机物就在这种情境中开拓混沌。这是一些多么坚强的生命啊！生命的立足太重要了。一旦生命开始在早期地球滚烫的地面上挣扎，地球的命运就要从此改变了。

这些生命的最大特点就是可以"吃"二氧化碳，这是它们唯一的食物，而阳光就是使它们能够消化二氧化碳的酵母片。在光子的光合作用下，二氧化碳被分解成早期生命需要的碳和不需要的氧。

正是这一简单的分离，46亿年之后，宇宙中的智慧生命就在地球上诞生了。早期生命不断吞噬二氧化碳，这种丰富的资源使地球的早期生命繁衍得很快。从今天的地貌来看，喀斯特地形非常普遍，也就是说，早期的二氧化碳几乎把如今的地球上装修了一层地板。我们就站在这层地板上眺望蓝天白云。

也许就是第一场雨没有落到金星上，这场至关重要的雨可能落到离其地面还有几十米的时候就蒸发了。就差这么一点点，金星的生命存在的机会也没有了。地球真的很幸运！

地球上的生命是如何诞生的

解释生命诞生之谜，需要从一些化学概念开始。人体由不少于25种不同的化学元素组成，而世上存在100种自然产生的化学元素，最小的为氢，最大的是铀。所有这些元素是从哪儿来的？为什么我们拥有如此丰富的化学可能性？这还要简要地说明一下。

氢从创世大爆炸后不久即存在，几乎所有其他要素中都是在这过后才被创造出来的，例如透过超新星的爆炸。这些超新星爆炸对于生命也是重要的，因为它们把新产生的元素发射进外层空间，并形成新星系或新生命，我们身体里的大多数要素，都产生在太阳形成之前，我们的生命其实很大程度上由星尘所组成的。

那些决定性元素的产生，都是由更小的原子的原子核透过核反应熔合产生更大的原子的原子核，并释放出生命诞生所必

需的能量；而核反应熔合的第一步，就是两个氢原子的结合，形成氘，氘是整个生命诞生链里的第一个和至关重要的元素，氘如果不能形成，宇宙可能除了氢以外就不会有另外的元素了，所有生命（如果还存在的话）都会由氢这单一元素所组成。而且，核反应失败，新星也会停止形成。因此，一切生命都首先取决于能否熔化和制造氢和氘。

这里出现第一个人类生命的巧合。

熔化和制造氢和氘的自然力量，如果并不是刚刚好，而是弱了百分之十，生命就不会出现。不止如此，如果稍稍强了百分之十，生命也永远不会出现。可是，一切力量却全都刚刚好操控在这理想的百分之十之内，因而最终产生了生命。核反应没有稍稍快了一点，另一方面，核反应却也没有在生命来临之前就耗尽，一切都是刚刚好，天衣无缝。

这时候第二个生命的巧合来了：当氢和氘被成功制造了之后，氘原子透过同样的熔化过程结合成氦原子，但氦原子必须形成更大的原子，但问题是：两个氦原子的结合，是违反物理定律的，也就是说，两个氦原子结合根本是不存在的。

超新星爆炸

两个氦原子不能结合，但在熔化的新星内部，它们却能相撞并"暂时"粘在一块，"暂时"有多长时间呢？大概是千亿亿亿分之一秒吧。这还不止，在这千亿亿亿分之一秒里，偏又刚好，有第三个氦原子粘上来，这样，氦原子就能结合了，诞生了宇宙第一个 C_{12}，差不多宇宙中所有的碳也是在这样的情况之下产生的，没有碳，也就永远不会有现在的生命。生命的起源，就是不可能而又居然发生了。

接着，又出现了第三个更巧合的巧合。

这样一次稀有的事件不足以让生命诞生，除非某些事情大大提升它的效力，它就是有谐共振。而有谐共振必须保持在一定的能量水平上，才能发挥效用。曾经出现的那次，让生命诞生的有谐共振，其能量水平如果高了一点儿或者低了一点儿，生命也不会出现，然而，一切又是刚刚好，恰恰好，完美无缺地被放在一块。

生命的巧合和幸运还远不止此，接着的，例如电磁作用刚好比核力量弱100倍，爱因斯坦所说的奇异的空间平坦（大爆炸后宇宙空间只出现极轻微弯曲），不是一元二元也不是四元五元而是刚好三元次方的世界，刚好平衡的量子世界，宇宙的历史和生命诞生的历史刚好配合，等等。

总而言之，地球生命的幸运，是比任何戏剧效果还惊人的一连串巧合的

爱因斯坦

结果，如果把那些可能性的比值相乘，得出的生命诞生的可能性，可能是科学史上曾经出现过的最低的一个数值。

地球也有个环

你一定知道，在太阳系中土星这颗美丽的行星有一个明亮的光环，仿佛戴着一个银色的项圈似的。木星、天王星和海王星也有光环，其中天王星的光环竟有 9 个之多。可你知道吗？我们的家园——地球外围也有个环，这是 20 世纪 60 年代以来

的新发现。

1964 年，苏联曾将一批电子卫星送入椭圆形的运行轨道，其中两颗卫星装备有陨石微粒记录器。测量结果表明，靠近地球有一个稳定的、相当稠密的尘埃构成层。20 世纪 80 年代初，苏联科学家再次研究这些资料时，发现这些地区的陨石物质分布并不均匀，它们在地球外围形成几个与赤道平面倾斜度不同的圆环。与由无数直径在 4～30 厘米之间的冰块组成的土星光环不同，地球环是由极细小的不可见的尘粒构成的。这是一种尘埃环，其高度在 400～23500 千米，陨石微粒的数量随着与地球距离的加大而明显减少。

随着地球外围环的发现，人们重新研究了 1966 年苏联"月球 10 号"自动空间站提供的有关月球外围尘环的资料，证明月球外围也存在着与地球尘环结构相似的尘环。

近些年甚至有资料表明，太阳也被环状星云物质包围着。

光环再也不是偶然现象，而是太阳系在演化中出现的普遍现象。通过对环的研究，将会帮助我们揭开太阳系起源的奥秘。

人类的进化历史探源

达尔文在著名的《生物进化论》中提出这样一个论点：一切物种都是在进化中求生存，人是由猴子进化而来的。那么，为什么猴子并没有都变成人或与人接近？为什么世界上的人种分成了截然不同的外观及肤色呢？

从体质人类学来看，白人与黑人很相似，而黄种人与他们不同。从这个角度来考虑，黄种人与白人或黑人的分化从很古远的时代就已经开始了。

据英国生物学家赫胥黎的发现表明，人与高级猿类之间有一个缺环，就是说，从高级猿向人的过渡中缺少有力的证据。近代日本人类学家认为，在猿与人之间应该有一种"类猿人"的过渡阶段。

在6400万年前，曾在地球上大量繁殖、横行一时的恐龙突然灭绝，可据考证，生活在同一时期的猿类却并没有消失。这就令人产生一个疑问：是谁对恐龙斩尽杀绝，而对猿类则明显是手下留情了呢？答案似乎只有一个：有"人"要这么做。可这个"人"是谁呢？为什么要这样做？

有人认为，当年有一批外星人来到地球考察，不幸的是，他们的宇航器损坏了，而无法再离开地球，他们便将能威胁他们生命的恐龙逐一杀掉，然后在多种动物身上做人工授精试验，并对这些动物产下的后代进行观察、对比，直至选留出几种他们较为满意的后代再进行优化。黑种人是外星人与黑猩猩结合产生的后代；黄种人是外星人与猴子产生的后代；白种人是外星人与一种高大白巨猿产生的后代。

在此基础上，便有了人类起源的"外星说"。

"外星说"即"人类的始祖来自外星球"，这是一位来自北大西洋公约组织的科学家马莱斯提出的见解。他认为，大约在几亿年前，一批有着高度智慧和科技知识的外星人来到了地球。他们没携带充足设施来应付地球的地心吸引力，一时间无法脱身，所以便改变初衷，试图制造一种新的人种。

这种新人种是由外星人跟地球猿人的结合而产生的。当时的地球十分原始，最高等的生物只是猿人，也未发现火种。外星人选择具有高智力和精力充沛的雌性猿人作为对象，设法使它们受孕，结果便产生了今天的人类。

马莱斯提出了证明，他对前不久在智利圣地亚哥发现的一个5万年前的头骨的研究结果表明，它的智慧远远高于今天的人类，马莱斯从而推断，它就是当时来到地球的外星人之一。马莱斯认为目前唯一的问题是：它来自哪个星球。他指出，安第斯山脉的巨型图案，有可能是外层空间船降落地球的基地。最后，马莱斯下结论说，现代人只是由外星高级生命和地球的猿类相结合的产物。

这里，我们联系神话中的"处女生殖"现象试着探讨一下。在各民族早期的英雄神话中，英雄或者圣人常常表现为处

女所生，这是一个比较普遍的现象。就中国古代神话来看，这方面的材料也不少。如《太平御览》中保存有一种古老的传说，书中记载了禹的母亲"见流星贯昂，梦接意感"而后"吞神珠"生下了禹。关于黄帝的记载也是如此，《初学记》说，黄帝的母亲"见大雷绕北斗，枢星光照郊野"然后"感而孕"。诸如此类的神话记载，无不显示出古人一个重要的观点，那就是先秦典籍《春秋公羊传》中所说的："圣人皆无父，感天而生。"

19世纪末，英国著名的生物学家赫胥黎说过："古代的传说，如果用现代严密的科学方法去检验，大多像梦一样平凡地消失了。但是奇怪的是：这种梦一样的传说，往往是一个半醒半睡的梦，也预示着真实。"

德国语言学家史密特神父在研究中发现，在印、欧民族的宗教中，上神（天主）一词的语根是"照耀"的意思，而且《圣经》中"上帝"一词在古希伯来语中的意思更明确，它是"来自天空的人类"。

当然，马莱斯的论断还有待证明，不过，近来许多有趣的新发现似乎可以作为佐证。

据美国《新闻周刊》报道：在墨西哥一个孤独的村庄里，发现了一个不可思议的狼人人种。科学家们闻讯后大为震惊，吵吵嚷嚷地要对这个奇异的种族进行研究。

狼人总共有16个，即15名儿童和1名成人，共同生活在一个小村里。他们都是一个名叫玛丽亚·露伊莎·迪亚兹的老妇人的子孙。孩子们绝顶聪明，但是，有关他们的情况的报道不多。这些狼人都是贫苦的农民，他们不喜欢抛头露面。

据观察，狼人除了身体上下（包括脸部）都覆盖着黑色的卷毛外，从各方面看都同人类相似。

这些狼人是如何发展而来的呢？

科学家们研究了遍体长毛的孩子，不少人得出结论：他们的身体情况是遗传的；狼人家庭里的孩子，并不都有这种情况，但那些看来正常的孩子，也可以在下一代中生出长毛的

后代。

　　另一些看到过狼人孩子的人认为，他们可能是一个新的种族，由来自另一个行星的父亲繁衍下来。理由是，玛丽亚·露伊莎·迪亚兹对自己的身世竟然一无所知。

　　20 世纪 80 年代，在非洲北部的一个与世隔绝的山区中，有一支考察队竟发现了一个庞大的蓝色皮肤的家庭。他们不但肤色发蓝，而且血液也是蓝色的。

　　在这件事公开之后不久，美国加利福尼亚大学医学院的著名运动生理专家韦西，到南美洲智利安第斯山脉探险时，在奥坎基尔查峰海拔 6600 米高处，也发现了浑身皮肤发蓝光的人种。韦西介绍说，在这么高的山峰上，空气含氧量比海平面少 50％，连身强力壮的登山运动员都感到行动吃力，但是这种奇异的蓝色人却能进行各种剧烈的体力劳动和奇特运动，真令人称奇。

　　另外，在喜马拉雅山脉空气稀薄的 6000 米以上高处，美国生理学家也曾发现一些蓝皮肤的僧侣，令人吃惊的是，这些蓝色僧侣都能做一些笨重的工作。对于这种蓝色人的现象，科学家经过旷日持久的讨论，但仍众说纷纭。有的说是缺氧造成的，有的说是缺铁，有的说缺乏某种酶，还有的说是基因变异。蓝色人种究竟是一种退化，还是一种适应环境的变异？仍然有待于进一步探索。

　　有人认为，蓝色人种是再现外星人某些特征的返祖现象。

　　在我国古代传说中，大都有一种"自天而降"的黄脸人，他们个个大脑袋，矮个子。对于他们的由来，由于历史条件限制，而今的现代人了解得太少。

　　半个多世纪以来，我国的考古学家在西北、华南、西南、东北等地的古洞穴中相继发现过这种特殊人种的残骸，可令人遗憾的是，由于某些原因，至今还没有将这些头骨复原，因此人们也就无法一睹这种人的真正风采了。

　　由上所述，我们可以这样推论人类的起源：通常从考古学和人类学出发，把知母不知父的远古时代称为母系社会，并且

认为是由群婚现象所造成的。"处女生殖"的确是上古时代的一个事实，而所谓处女生育的问题只是表示一种禁忌；最初人类根本就没有今天我们所认为的"人类之父"。人类"父亲"可能就是外星人，而所谓的"母亲"实际上是地球上的母猿。

根据达尔文的说法，人是从古猿进化来的。但是，达尔文也无法解释人究竟是怎样从古猿进化而来。关于人类起源的争论也一直没有停息过。

古猿生活的年代离现在实在太久远了。因此，要弄清古猿究竟是怎样进化成人的，只能凭借古生物化石来推断当时的情况。

从 20 世纪 20 年代到 70 年代初，人们在世界各地相继发现了三种古人类化石：非洲南猿化石、粗壮南猿化石和鲍氏南猿化石。

1925 年，南非的解剖学家雷蒙德·达特认为，非洲南猿当时已具有直立行走的能力，唯有它才是

达尔文

人类的直接祖先。但是，令达特深感遗憾的是，他只找到了非洲南猿幼年个体的化石。

1938 年，在发现非洲南猿的斯特克方丹，南非古生物学家布鲁姆又发现了另一种古猿的化石。这种古猿化石的形态与非洲南猿不大一样，复原以后，它的形态要比非洲南猿要粗壮得多。所以，布鲁姆将其命名为"粗壮南猿"。

根据放射性同位素的测定，非洲南猿大约生活在距今 300 万～200 万年前，粗壮南猿则生活在距今 200 万～150 万年前。

1957 年 7 月 17 日，英国人类学家刘易斯·利基夫妇在坦

桑尼亚的奥尔林韦峡谷，发现了一具已碎成 400 多块的灵长目动物的颅骨。利基将这具颅骨与粗壮南猿相比，得知它的牙齿更为粗壮。于是，利基把它命名为鲍氏南猿。根据分析，鲍氏南猿生活在距今约 175 万年前。

1974 年 11 月，美国科学家多纳尔德·约翰森等研究人员，在埃塞俄比亚的哈达地区，发掘出一具不太完整的古人类化石。根据骨骼的形态分析，化石是一个年龄 20 岁左右的女性遗骨。

约翰森将它命名为"露西"。约翰森认为，"露西"生活在距今 300 万年前，已经可以独立行走。以后，在发现"露西"的地区，又相继发现了 65 具古人类化石，约翰森将它们统称为"阿法尔南猿"化石。约翰森认为，唯有阿法尔南猿才是人类的直接祖先。在漫长的年代中，阿法尔南猿进化成粗壮南猿和鲍氏南猿，最后再进化为人类。

有肯尼亚的普者认为，约翰森的说法也未必可信，因为在约翰森之前，人们普遍认为非洲南猿是人类的直接祖先，这是由于非洲南猿在解剖特征上既有古猿的特征，又有人类的特征，而粗壮南猿和鲍氏南猿则属于同一类型，它们都是从非洲南猿进化而来的。然而，当阿尔法南猿的化石被发现以后，人们自然而然地用阿法尔南猿取代了非洲南猿的地位，成为人类的直接祖先。

还有一些科学家认为，人类的祖先非常有可能是"恐人"，而未必是非洲南猿。他们根据目前所掌握的资料证明，并非所有的恐龙都是头脑简单、身体笨重的庞然大物。考古学家在加拿大阿尔伯达省找到了一种袋鼠大小的恐龙——窄趾龙的化石。这种窄趾龙的大脑比其他恐龙大得多。如果恐龙当时没有灭绝，根据窄趾龙进化的速度，非常有可能进化成智慧发达的恐人，再由恐人进化成现代人类。这种说法因为荒诞和根据不足而遭到了否定，但它丰富的想象力却引起人们的注意。

那种"上帝造人"的说法，在达尔文创造生物进化论学说之后已被人视为无稽之谈。但在二十多年前，美国加州大学科

学家却提出了一个与此相关的新见解。因为随着分子生物学的发现，人们发现了细胞质中的线粒体也含有遗传物质DNA（脱氧核糖核酸），现代生殖学已证实，在高等动物的受精过程中，精子中的线粒体DNA是不能进入受精卵的，人类细胞的线粒体DNA都来自母亲。因此，线粒体DNA属于严格的母系遗传。这样一来，如果人们能证实同一人种的线粒体DNA是相同的，则说明他们来源于同一母系。

据此，美国加州大学伯克莱分校的威尔逊遗传小组，选择了来自非洲、欧洲、中东、亚洲和澳大利亚土著妇女147人，利用她们生产婴儿时的胎盘，进行不同种族婴儿胎盘的线粒体DNA研究，发现全人类线粒体基本相同，差异很小，平均歧异率只有0.32%左右。因此，从逻辑上说，现代各族居民的线粒体DNA，最终都是由一个共同的女性祖先遗传下来的，那就是说在大约20万年前生活在非洲的一个妇女，就是全世界现代人共同的祖先。

威尔逊说："我们可以将这位幸运的女性称为'夏娃'，她的世系一直延续至今。"这一理论也被称为"夏娃理论"。

"夏娃理论"还认为，当时也许有几千男女同"夏娃"生活在一起，但其他女性都没能留下后裔。因此，她们的线粒体DNA谱系便断绝了。"夏娃"的后代在距今13万～9万年前迁徙世界各地时，各地已有许多古人类在生息，如欧洲的尼人、中国的北京人等，若与"夏娃"不同的线粒体DNA遗传下来，现代人中就会有多种线粒体DNA，而事实上现代各种族居民的线粒体DNA是高度一致的，这说明他们均来自同一个祖先"夏娃"。

现代人的男性祖先是否便是"亚当"？英国剑桥大学和美国亚利桑那大学的两个研究小组都认为，世界各地的男性基因源于同一基因。如上所述，分析女性祖先的基因比较容易，因为线粒体DNA只通过女性遗传。而分析男性祖先的基因则复杂得多，为此英国和美国的研究人员均把突破口选在男性独有的Y染色体上。美国研究人员利用计算机分析了8名现代非洲

男性、2名澳大利亚男性、3名日本男性和2名欧洲男性以及4只大猩猩的基因，结果发现，从基因角度看，世界各地的现代男性源于一副Y染色体。

通过与人类最近的近亲——大猩猩比较后，美国研究人员认为，18.8万年前，非洲一个部落的Y染色体是现代男性Y染色体的祖先。同样，人们也可以将这位幸运的男性称为"亚当"，自然也应该称这一观点为"亚当观点"。如果这两个结论是正确的，那么在600万~400万年前，从猿分化出来的原始人大都没有留下后代，只有非洲的一个部落生存下来，然后向世界各地迁徙，最后形成了现代人。

美国伊利诺伊大学和密执安大学的科学家却认为，现代人的确进化自非洲的一个部落，但其进化过程并非是20万年，而至少是100万年。他们说，如果夏娃之说可以成立的话，那么，世界上一切与夏娃无关的人类祖先就都已绝种了。但从对古人类化石的分析结果看，事实上并非如此。科学家们在对100万年前的古人类化石研究后发现，它们的特征与亚洲现代人极为相似，这就意味着今天的亚洲人是百万年前其亚洲祖先的后裔。

地球之水由何而来

在太阳系里，地球是一个得天独厚的天体，它离太阳不近也不远；温度不太高也不太低；有稠密的大气层和丰富的水资源。据计算，地球上的水的总量达到145000亿亿千克。它广布于地球的各个角落。江河湖海是它们的故乡；地下、大气、岩石和矿物中有它们的踪影；甚至在所有生物体中，水几乎占据它们组成物质的2/3。

水使地球生机盎然，也使地球生命能繁衍生息，水带来了人类文明、世界的进步。当人们放眼宇宙时，才发现地球与其他行星比较起来，是那么特殊，地球是唯一拥有液态水的行星。

水是氢与氧元素化合的产物。

那么，地球之水是从哪里来的呢？关于地球水的来源，众说纷纭，这反映了水的来源的多样性，但其主要包括两种情况：一种认为是自生的，即地球的水来自地球内部；另一种认为是外生的，即地球水来自地球以外的宇宙空间。

很多人这么认为，地球之水与生俱来。

1. 自生说

（1）地球从原始星云凝聚成行星后，由于内部温度变化和重力作用，物质发生分异和对流，于是地球逐渐分化出圈层。在分化过程中，氢、氧等气体上浮到地表，再通过各种物理和化学作用最后生成水。

（2）水是在玄武岩先熔化后冷却形成原始地壳的时候产生的。最初的地球是一个冰冷的球体。此后，由于存在地球内部的铀、钍等放射性元素开始衰变，释放出大量的热能。因此地球内部的物质也开始熔化，高熔点的物质下沉，易熔化的物质上升，从中分离出易挥发的物质：氮、氧、碳水化合物、硫和大量水蒸气。试验证明，当 1 立方米花岗岩熔化时，可以释放出 26 升的水和许多完全可挥发的化合物。

（3）地下深处的岩浆中含有丰富的水，实验证明，压力为 15kPa，温度为 10000℃ 的岩浆，可以溶解 30% 的水。火山口处的岩浆平均含水 6%，多的可达 12%，而且越往地球深处含水量越高。据此，有人根据地球深处岩浆

玄武岩

的数量推测在地球存在的 45 亿年内，深部岩浆释放的水量可

达现代全球各大洋水量的一半。

（4）火山喷发释放出大量的水。从现代火山活动情况看，几乎每次火山喷发都有约 75% 以上的水汽喷出。1906 年维苏威火山喷发的纯水蒸气柱高达 13000 米，一直喷发了 20 小时。阿拉斯加卡特迈火山区的万烟谷，有成千上万个天然水蒸气喷出火山孔，平均每秒钟可喷出 97℃～645℃ 的水蒸气和热水约 23000 立方米。

（5）地球内部矿物脱水分解出部分水，或者释放出的一氧化碳、二氧化碳等气体，在高温下与氢作用生成水。此外，碳氢化合物燃烧也可以生成水，在坚硬的火山岩中，也有一定数量的结晶水和原始水的包裹体。

科学家认为，地球之水除与生俱来之外，还通过自身的演化而不断地释放。例如在火山活动区和火山喷发时，都有大量的气体喷出，其中水蒸气占 75% 以上。还有，地下深处的岩浆中，也含有水分，而且深度越大，含水越多。除此以外，和地球同宗同祖的陨石，里面也含有 0.5%～5% 的细微水分。由此可以证明，在由土物质组成的地球中有着一定数量的水。

2. 外生说

（1）为了寻求地球之水的渊源，有人把眼光投向了宇宙。他们说，地球之水的主要来源是在地球形成之后，从宇宙中添加进来的。

1961 年，有一位叫托维利的科学家提出了一个令人耳目一新的假说。他说，地球上的水是太阳风的杰作。

太阳风不是流动的空气，而是一种微粒流或叫做带电质子流。太阳风的平均速度达 450 千米/秒，比地球上的风速高 1 万倍以上呢！当太阳风向近地空间吹来时。绝大部分带电粒子流被地磁层阻挡在外，少量闯进来的高能粒子马上被地球磁场捕获，并囚禁在高空的特定区域内。

托维利认为，太阳风为地球作出了有益的贡献，那就是为地球送来了水。这话该怎样理解呢？

太阳风到达地球大气圈上层，带来大量的氢核、碳核、氧

核等原子核，这些原子核与大气圈中的电子结合成氢原子、碳原子、氧原子等。再通过不同的化学反应变成水分子。

托维利经过计算指出，从地球形成到今天，地球已从太阳风中吸收的氢总量达 1.70×10^{23} 克。若把这些氢和地球上的氧结合，就可产生 1.53×40^{24} 克的水。这个数字与现在地球上水体的总量 145000 亿亿千克十分接近。更重要的是，地球水中的氢和氘含量之比为 6700：1，这与太阳表面的氢氘比也十分接近。因此，他认为地球之水是太阳风的杰作。

据估计，在地球大气的高层，每年几乎产生 1.5 吨这种"宇宙水"。然后，这种水以雨、雪的形式落到地球上，随水循环而成为净增量。

但是，反对这种意见的人提出了质疑：水虽有可能来自太空，却也在不断地向太空散失。这是因为大气中的水蒸气分子会在阳光的紫外线作用下发生分解，变成氢原子和氧原子。

氢原子由于很轻，极容易摆脱地球的束缚，飞向星际空间。据计算，它的逃逸数量与进入地球的数量大致相等。因此，他们认为，如果地球之水光靠太空供给，而自身没有来源的话，地球不可能维持现有的水量。

（2）太阳系形成假说——星云说认为，地球和太阳系的各大行星，均起源于一个原始星云——太阳星云。

太阳星云起先是非常疏散的。在万有引力的作用下，大的物质吸引小的物质，最后在中间形成了太阳，周围形成行星。在行星演化的漫长过程中，由于受到中心天体——太阳热力和引力的影响，气物质、冰物质和土物质的分配是不均匀的。它因距太阳远近不同而不同。地球离太阳较近，所以它主要由土物质组成，也有少量的冰物质和气物质参与其中。参与组成的冰物质就成了地球上水的来源。

如今，随着人们对火山研究的深入，有人发现，火山活动时释放的水，并不是新生的水，而是渗入地下的雨水。科学家是通过测定这些水的同位素以后才认识到这一点的。因此这种有根有据的说法无疑对"地球之水与生俱来"的假说是一种强

有力的挑战。

（3）陨石说。地球上每天都在接纳天外来客——陨石。这些来自太空的不速之客大部分是石陨石和铁陨石，但也有一些是冰陨石。人们在研究球粒陨石成分时，发现其中含有一定量的水，一般为 0.5％～5％，有的高达 10％以上，而碳质球粒陨石含水更多。球粒陨石是太阳系中最常见的一种陨石，大约占所有陨石总数的 86％。一般认为，球粒陨石是原始太阳最早期的凝结物，地球和太阳系的其他行星都是由这些球粒陨石凝聚而成的。加入地球"家庭"的冰陨石究竟有多少？它们对地球之水的贡献如何？人们从未注意过，也许认为它们的数量微乎其微，无足轻重。

几年前，美国依阿华大学的科学家弗兰克提出一个论点。

原来，弗兰克在研究人造卫星发回的图像时，对 1981～1986 年以来的数千张地球大气紫外辐射图产生了兴趣。他发现，在圆盘形的地球图像上总有一些小黑斑。

陨　石

每个小黑斑大约存在 2～3 分钟。这些小黑斑是什么？经过多次分析，否定了其他一些可能之后，他认为这些黑斑是由一些看不见的由冰块组成的小彗星，撞入地球外层大气后破裂、融化后变成水蒸气造成的。

他还估计，每分钟大约有 20 颗平均直径为 10 米的这种冰球坠入地球大气层。若每颗可融化成水 100 吨，则每年即可使地球增加 10 亿吨水。地球形成至今已有 46 亿年的历史，这么算来，地球总共可以从这种冰球上获得 460000 亿千克的水，是现在地球水体总量的 3 倍以上。即使扣除了地球历年散失掉

的水分，在各种地质作用中为矿物和岩石所吸收的，以及参与生物体组成的水之外，仍然绰绰有余。

地球之水来自天外冰球的说法，虽然有一定道理，但也受到了挑战。一些研究者在对"旅行者2号"航天器拍摄的大量照片研究之后，否定了有大量冰球飞入地球的看法。因此，地球之水从哪里来还没有定论。

人造地球卫星上天

1957年10月4日，苏联成功地发射了世界上第一颗人造地球卫星，它标志着人类从此进入太空的新纪元。紧接着，各种人造地球卫星、载人宇宙飞船、宇宙探测器陆续上天。由此，人类的眼界大为开阔，人类的宇宙飞行也正在逐步实现。

早在17世纪，伟大的英国科学家牛顿在发现了万有引力定律后就曾经指出：在高山上平行发射一颗炮弹，如果炮弹的速度达到8千米/秒，这颗炮弹就不会掉到地面上来，而会沿着圆形轨道绕地球旋转，成为人造的地球卫星。如果发出的炮弹速度更大，则有可能飞出地球，去做宇宙间的飞行了。后人将牛顿的这个设想称为"牛顿大炮"方案。牛顿正确地指出，只有加大物体的飞行速度，才能克服地球的引力。

目前，我们通常将物体环绕地球附近的速度，叫做第一宇宙速度或环绕速度，其理想值为7.9千米/秒。而将物体脱离开地球引力飞出去的必要速度，叫做第二宇宙速度或脱离速度，其为11.2千米/秒。将物体离开太阳系飞到恒星际空间所需的速度，叫做第三宇宙速度，其约为16.7千米/秒。

我们试着推算一下第一宇宙速度：

首先假定地球是个密度均匀的圆球（这样，它对外任一点的引力相当于所有物质都集中在地心点一样），并且周围没有大气，炮弹是在地球表面附近飞行的（即轨道半径 R 可近似于地球平均半径）。设炮弹质量为 m，飞行初速度为 v，那么，只有在炮弹飞行的向心力等于地心引力（就是重力）的时候，这

个炮弹才能环绕地球旋转。根据力学原理，作用于炮弹的向心力为 mv^2/R，它所受的地心引力是 mg（g 为重力常数），于是：

$$mv^2/R = mg \text{ 或 } v = gR$$

取 $R = 6371$ 千米，$g = 9.8$ 米/秒，就得 $u \approx 7.9$ 千米/秒。还可以计算出这个炮弹绕地心一周的时间是 $t = 2\pi R/v \approx 84$ 分钟。这样，我们就得到了第一宇宙速度约为 7.9 千米/秒。而实际上地球有大气，如果平射的炮弹有这么大的速度，它马上会由于同大气的猛烈的摩擦而烧毁，成不了人造地球卫星。因此，第一宇宙速度只是发射人造地球卫星所必需的最小速度，而且初射方向必须是平行于地面的。否则，轨道就不是圆形而是椭圆形的。同样的道理，第二、第三宇宙速度也是理想条件下计算得到的速度，是实际发射必须考虑的速度。

地球的引力随高度增加而逐渐减小。例如，在地表面的重力加速度为 9.8 米/秒。由于地心引力的逐渐减小，物体的宇宙速度就相应地减小。人造天体都是在高空中进入飞行轨道的，原因也就在此。所需速度小些，发射时需要的动力也就小些（可节省燃料）。

宇宙速度是非常大的。一般手枪射出的速度不过 2 千米/秒左右。大炮再大，发射的速度也达不到第一宇宙速度。只有用多级火箭才能达到必要的速度。

火箭是 11 世纪时的中国人发明的。最初是一级的，即在一个筒子里装上燃烧物，在点火后，急剧燃烧的气体向后喷出，箭体就向前飞行了，就像"起火"、"火花"之类的鞭炮一样。早期的火箭多用在战争中，后来传入欧洲。

实用的液体火箭是在 1923 年出现的，当时美国工程师哥达德使用液态氧和汽油作为火箭燃科，12 月 1 日试飞成功。单是一级火箭，飞行的速度也不过 4 千米/秒左右，难以达到发射人造卫星所需的 8 千米/秒左右的速度。于是便有了多级火箭的发明，即用两支以上的火箭组合起来，可获得较大速度。现代最好的火箭是使用液氧与液氢作燃料的，当然，其成本也

是高昂的。

今天的人造地球卫星的运载火箭一般为三级，也有用两级的。先是第一级火箭点火，火箭以较小速度垂直上升，这样，火箭可以以最短路程通过稠密的大气层，减少大气阻力和摩擦的影响。火箭越升越高，它的速度也越来越大。第一级火箭燃烧完后自动脱落，同时第二级火箭点火，火箭逐渐倾斜和加速。等第二级火箭燃烧完后，也自动脱落。此后火箭依靠惯性飞行，当它达到预定轨道时，第三级火箭点火。火箭加速到必要的速度和方向时，就将安装在火箭头上的卫星体发射出去，成为人造地球卫星了（第三级运载火箭往往也成为人造卫星，但它很快就会陨落了）。用这种方案发射卫星有两个加速段和一个惯性飞行段。

当然，也可以有其他的发射方式。有的主火箭边上还捆绑着几支助推火箭，动力大，也就没有自由飞行段。而且一支火箭不只发射一颗卫星，也可以发射不同轨道的几颗卫星，这叫做"一箭多星技术"。

我国于 1970 年 4 月 24 日成功发射第一颗人造地球卫星，重

人造地球卫星

173 千克，沿着椭圆形轨道绕地球旋转，最近地面的点（叫近地点）的高度为 439 千米，最远地面的点（叫远地点）高度为 2384 千米。卫星绕地一周的时间（叫周期）为 114 分钟。卫星的轨道与地球赤道的夹角，（叫轨道倾角）为 68.5°。卫星用 20.009 万兆赫的频率发播《东方红》乐曲。第一颗卫星的发射成功，使我国成为继苏联、美国、法国、日本之后第五个能发

射卫星的国家。从那以后至今，我国已发射了数十颗各种用途的人造卫星，其中有不少卫星还做到了成功回收。

人造地球卫星是在高空飞行的，它所携带的探测天体的仪器设备，基本上不受地球大气的影响。因此，可以接收到紫外线、X射线、γ射线，有的也可接收红外线。这就是说，通过卫星的观测，使天文学由地面观测步入到空间观测；由可见光部分扩大为整个电磁波谱。从此，天文学成为全波天文学。

现代的天文研究手段除了光学的、射电的以外，又增加了空间技术，我们现在的许多天文知识，都是从空间技术得来的。

强力的地球磁场

地球是一个天然的大磁体，无论在陆地、海洋，还是天空，都能够感受到地球磁场的存在。我国古人很早以前就对地磁现象有所认识，中国古代四大发明之一的指南针，就是利用磁针在地球磁场中的指极性制作成的。

历史上，第一个提出地球磁场理论概念的是英国人吉尔伯特。他在1600年提出一种论点，认为地球自身就是一个巨大的磁体，它的两极和地理两极相重合。这一理论确立了地球磁场与地球的关系，指出地球磁场的起因不应该在地球之外，而应在地球内部。

1893年，数学家高斯在他的著作《地磁力的绝对强度》中，从地磁成因于地球内部这一假设出发，创立了描绘地球磁场的数学方法，从而使地球磁场的测量和起源研究都可以用数学理论来表示。但这仅仅是一种形式上的理论，并没有从本质上阐明地球磁场的起源。现在科学家们已基本掌握了地球磁场的分布与变化规律，但是，对于地球磁场的起源问题，学术界却一直没有找到一个令人满意的答案。

目前，关于地球磁场起源的假说归纳起来可分为两大类，第一类假说是以现有的物理学理论为依据；第二类假说则独辟

蹊径，认为对于地球这样一个宇宙物体，存在着不同于现有已知理论的特殊规律。

属于第一类假说的有旋转电荷假说。它假定地球上存在着大量等量的异性电荷，一种分布在地球内部，另一种分布在地球表面，电荷随地球旋转，因而产生了磁场。这一假说能够很自然地通过电与磁的关系解释地球磁场的成因。但是，这个假说却有一些致命缺点：首先它不能解释地球内外的电荷是如何分离的；其次，地球负载的电荷并不多，由它产生的磁场是很微弱的，根据计算，如果要想得到地球磁场这样的磁场强度，地球的电荷储量需要扩大 1 亿倍才行，理论计算和实际情况出入很大；再次，该理论还难以自圆其说的是，地球表面的观测者随着电荷一起旋转，对于电荷来说，不存在什么相对运动，没有电流又谈何磁场呢？

高　斯

以地核为前提条件的地球磁场假说也属于第一类假说，弗兰克在这类假说中提出了发电机效应理论。他认为地核中电流的形成，应该是地核金属物质在磁场中做涡旋运动时，通过感应的方式而产生的。同时，电流自身形式的

太阳风暴对地球磁场的影响

119

场就是连续不断的再生磁场，就像发电机中的情形一样。弗兰克所建立的模型说明了怎样实现地球磁场的再生过程，解释了地球磁场有一定的数值，但是在应用这种模型的时候，却很难解释地核中的这种电路是怎样通过圆形回路而闭合的。此外，这个模型也没有考虑到电流对涡旋运动的反作用，而这种反作用是不会让涡旋分布于平行赤道面的平面内的。

属于第一类假说的还有漂移热力效应假说、电流假说和霍尔效应假说等，但这些假说都不能全面地解释地球磁场的奇异特性。

关于地球磁场起源的第二类假说，这其中最具代表性的就是重物旋转假说。

1947年，布莱克特提出任意一个旋转体都具有磁矩，它与旋转体内是否存在电荷无关。这一假说认为，地球和其他天体的磁场都是在旋转中产生的，也就是说星体自然生磁，就好像电荷转动能产生磁场一样。但是，这一假说在试验和天文观测两方面都遇到了困难。在现有的实验条件下，还没有观察到旋转物体产生的磁效应。而对天体的观测结果表明，每个星球的磁场分布状况都很复杂，尚不能证明星球的旋转与磁场之间存在着必然的联系。

因此，关于地球磁场的起源问题，学术界仍处在探索与争鸣之中，尚没有一个具有相当说服力的理论，能对地球磁场的成因作出让人信服的解释。

地球上的重力异常现象

世界上有那么多现代科学无法解释的现象，包含着不可思议的谜，甚至同我们书籍的客观规律截然相反，都会让人着迷。如美国加州的神秘点就是地理奇观之一。

从旧金山搭车沿公路南下，不到两小时就抵达一个名叫圣塔克斯的小镇，神秘点就在离该镇约5分钟车程的近郊之地。

该处附近的树木都斜向一方生长。有两块长50厘米、宽

20厘米的石板埋在地面，间隔约40厘米，乍一看没什么不寻常的地方，其实两块石板就是不可思议的神秘点。

当两个身高不同的人分别踏上两块石板时，就会发生最不可能的事：身材矮的竟然会变得比原来身材高的人高！

两人之间仅有40厘米的距离，但却产生了身高的变异，这不禁使人目瞪口呆。但当再踏出一步时，两人的身高又恢复正常，这真是不可思议的事情。

再尝试着让二者互相交换位置，结果发现高的一个又变矮了，这些现象旁观者最能看清楚，只有一步之差却能使身材忽高忽矮。

也许这两块石板不是水平的吧，或者某端高了点吧。但如拿出水平测量仪来测量，仪器上却呈现水平状态。

就算站在石板上用皮尺量身高，然后换到另一块石板上照样量一次，两边仍显示着同样的高度。如果在这两点上，人体身高有伸缩，那么，是否皮尺也在做同样的伸缩？

到达神秘中心点，这里会发生更惊人的事情。绕着该处一幢破烂小屋，在它肮脏的外围走了一圈进入屋内后，便会发生使人简直不敢相信自己的眼睛的现象：里面竟然有许多向左倾斜站立的人，正彼此指着对方嘻嘻地发笑。

他们原来是早一些时候来的游客。只因为这个中心点有向一边倾斜的强烈引力，所以看来每个人都是斜立着。游客纷纷尝试做各种姿势，有些人甚至能笔直地倒立。

这幢破旧的木屋，倾斜地靠在树干边，其倾度像是完全倚靠在这株大树上似的。走出小木屋前的大片空地，每个人都像要跌倒似的斜立着。冥冥中像有股强烈的吸力把人拉向斜立的姿势。小屋一堵墙上凸出一块木板，任何人看了都会误认为是条斜坡道。如果在木板的上方放一个高尔夫球，虽然木板看上去是斜的，球却会停在原处一动也不动。而用劲将球推下，还会发现球滚到半途又像受牵制般地再滚回原处。无论如何推动都是同样的结果，球最后还是回到木板上方。而且推球时会发现似乎有股阻力使球很难被推下去。

更让人惊讶的是，当进入神秘点的狭窄入口时，发现地下倾斜竟相差30°左右，一进去就有股视力无法看到的强力把人的身体推向另一方，尽管你死命地握住壁上的柱子仍然免不了被拖至中心的重力点。由于重力的异常，在里面呆上10分钟，人就会产生像晕船一样的反胃欲呕的反应。

这里的向导像忍者一样一步步地爬上墙壁，并没有依靠任何支撑物便可举着两手轻松地在墙上走动，并且在半途还能倾斜地站立，朝游客微笑致意。可见墙壁的另一面有强烈的引力在起着作用。

天花板破烂不堪，从破洞中可看到怪异扭曲的大树飞向天空。因为磁场不平常，在这神秘点的上空，飞机会因为仪器受到干扰而脱离航线；鸟儿经过上空时也会因头昏眼花而掉落在到地上。

当你走进隔壁的房间，将发觉一种奇怪的现象，完全不能以科学的观点来解释。屋顶的横梁上垂着一串铁链，下面悬着很重的坠子，该坠子直径大约25厘米，厚5~6厘米，形状像个圆盘。欲把这个坠子推向一边，只要将手指轻轻一触就能动了，但从反方向推时却要用尽全力才能将它移动。这或许因为异常的引力向同一方向作用，所以才会发生这种现象。

综合起其他现象，如身高的伸缩，球会自动向上滚动，斜站在墙壁上等，这个神秘点可说是个充满着违反一般物理定律的怪地方。唯一可以解释的就是这个地带的重力是异常的，物体不是与其他地方一样受地心吸力所吸引。

可是，究竟是什么东西使得这神秘点的重力场与外界截然不同？它又是如何发生作用的？这都是尚待科学去解释和说明。

可怕的地震

地震同刮风、下雨一样，是人类世界中一种经常发生的现象。据统计，地球上每年就能测到500万次大小的地震。由于

许多小于 2 级的地震（微震）不被人们察觉，而相对来说发生大地震的次数较少，比如每年 7～8 级的地震只有 10 多次，8 级以上只有一两次；况且，许多地震发生在荒山野岭或大洋大海中，因此每年发生地震的次数虽然很多，可被人们察觉的并不多。

一般地，科学家们把地震原因归纳成以下几种：

地壳的上层压力过重，地下的石灰岩洞突然塌陷，会发生地震，这种地震叫陷落地震。这种地震影响小，发生次数也少。

火山喷发

火山喷发时，岩浆冲出地壳，发生爆炸，使大地发生震动，这叫火山地震。这种地震影响也不大，次数也不是很多。

影响最大，次数也最多的是构造地震，这种地震是由于地壳运动引起的。地壳在运动过程中，坚硬的岩石有时会改变形状，扭曲变形，引起破裂，这就形成了构造地震。

最近，一些科学家提出了有磁地震的新观点，如德国的克劳斯·沃格尔、美国

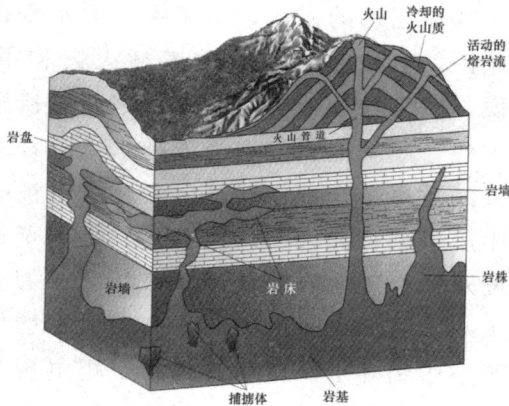

火山喷发示意图

的马丁·科古斯等认为，地震是由于地球体积不断增大引起的。他们解释说："地球最初的直径只有现在的 55%～60%。由于地球内部的原因，如温度的变化、冰层的溶化导致地球体积增加，从而引起地球表面板块破碎并互相分离。大量的水充溢于板块之间形成海洋。地球的这一发展进程，始于 2 亿年前。"

地震的真实原因到底是什么？目前这还是一个求知数。

天空的霹雳——雷电

仲夏时节的北半球，每当天空乌云翻滚、狂风呼啸之际，一场大雨即在眼前。这时，天空中就会有一道道闪光划破云幕，宛如条条金蛇飞窜，紧接着就会传来一声声震耳欲聋的霹雳，这就是自然界中威力巨大的雷电。

雷电是空中云层摩擦发生的大气放电现象。据统计，地球上平均每秒钟就有上百次电闪雷鸣发生，可见，这是一种发生频率很高的自然现象。由于云层放电时，会产生剧烈高温、强电流及电磁辐射和冲击波，因而常常造成航空公司的飞行事故，引发地面火灾，破坏通信设施和输电系统，给人们的生活和社会活动带来许多灾害。

在遥远的古代，由于生产力水平低下，人们对自然界缺乏认识，看到雷电引起的森林火灾和雷击事件，往往会十分恐惧，以为这是上天的力量，因而编撰了许多神话传说。在中国古代，民间把雷电视为天神，流传着"雷公"、"电母"惩罚恶人的故事。在古希腊神话中，雷电被誉为"万神之王"宙斯手中震慑群神和人类的武器。只是到了近代，人们才从科学的角度对雷电现象有所认识。1752 年 7 月，美国科学家富兰克林做了一次震惊世界的试验，利用风筝捕捉雷电，成功地把雷电从天空中引导下来，从而揭开了雷电现象电本质的秘密。这种为科学献身的精神让人们无比钦佩。

现在人们已经知道了，雷电形成于一种叫积雨云的云层

中，这种云是炎热季节里暖空气和冷空气发生强烈对流的产物，具有云体高大、云冠高耸等特点。当积雨云云层界面所积累的电荷形成的电位差达到 1 万伏特时，大气就会发生电离而被击穿，产生放电现象。

由于在十万分之几秒的极短时间里，1 万～10 万安培的峰值电流在直径仅几厘米的闪电通道内通过，所以闪电通道会迅速增温至几万度，

本杰明·富兰克林

并产生爆炸式的膨胀。闪电通道在以 30～50 个大气压向外膨胀的过程中，形成了强力冲击波，以 5 千米/秒的高速度向四周扩散，然后逐渐衰减为声波，这就是我们所听到的隆隆的雷声。此时，炽热的高温使闪电通道内的空气完全电离，发出耀眼的光亮，这就是我们看到的闪电。因为在空气中的传播光速快于声速，所以发生雷电时，人们总是先看到闪电，后听到雷声。

但是，至今仍使科学家们迷惑不解的是，为什么翻腾不息呈电中性的云朵，会突然间变成高压放电器？是什么力量使云层极化出如此大量的异性电荷呢？

关于雷电的成因，学术界流行着几种假说。一种假说认为，雷电形成于"温差起电效应"。一般说来，积雨云内的气温可从 10℃ 降到 −30℃～−40℃，因而云体内存在着水汽、水滴、冰晶以及过冷水滴和雪花、冰晶的混合物——霰。当积雨中的冰晶和霰粒发生碰撞摩擦时，会使霰粒表面局部温度上升，与冰晶形成温度差。在温差起电效应的作用下，冰晶和霰

125

粒分别带上了正电荷和负电荷。随着云中的空气对流，逐渐形成正负电荷的明显分区，从而产生了电位差。当电位差达到一定程度时，就会发生大气放电现象。

这一假说虽然解释了积雨云中正负电荷的产生机制，但是并没有阐明电荷的极化过程，难道说仅仅依靠空气的对流就能使正负电荷发生分离吗？理由显然是不充分的。

还有一种假说认为，降雨也许是驱使正负电荷分开的原因。其观点是，以大雨滴或冰珠形式倾泻而下的雨水携带着负电荷，这样，像小尘粒和冰晶带有正电荷的微粒就会在云层上端积聚起来，最终产生了足以引起闪电的电场。

为了验证这一假说，美国一些科学家利用雷达来测试闪电之后降雨速度的变化情况。按道理说，假如雨滴是逆电场力而降落，速度必然受阻，闪电之后，电场强度减弱，降雨速度就应自然加快。然而，试验的结果是，闪电前后降雨的速度并没有什么大不同的变化。这就意味着，降雨不是驱使正负电荷分开的原因。

那么，雷电到底是怎样形成的呢？对此，科学家们依然是众说纷纭，莫衷一是。

奇怪的球形闪电

电闪雷鸣是常见的自然现象，但令科学家们感到奇怪的球形闪电却是十分罕见的。球形闪电形如圆球，有时很小，有时却比足球还大，它的颜色多变，时而呈鲜红色或淡玫瑰色，时而呈蓝色或青色，时

雷 达

126

而呈刺眼的银白色，有时竟然是黑色。它的运行速度非常缓慢，有时与人们跑步的速度差不多。它有时发出轻微的呼哨声、喊喊声或咝咝声，人们的眼睛很容易跟踪观察它。它行进的方向和风向一致，喜欢跟随过堂风和自然风飘游，因而有时会通过开着的门窗或炉子烟囱及各种缝隙钻进人们的居室内。有时它还停止不动，悬挂在人们的头顶上。当碰到障碍物时，它常会爆炸而发出巨响，也可能无声无息地消失。

北宋著名科学家沈括在《梦溪笔谈》中，记述了一次球形闪电的实况，描述了暴雷运行的过程。球形闪电自天空进入"堂之西室"后，又从窗间檐下而出，雷鸣电闪过后，房屋安然无恙，只是墙壁窗纸被熏黑了。令人惊奇的是屋内木架子以及架内的器皿杂物（包括易燃的漆器）都未被电火烧毁，相反，镶嵌在漆器上的银饰却被电火熔化，银汁流到地上，钢质极坚硬的宝刀竟熔化了。但令人费解的是，用竹木、皮革制作的刀鞘却完好无损。上述奇异现象，令沈括及历代科学家们无法做出准确的解释，成为历史上的一个悬案。

弗兰克·莱思在他的著名作品《大自然在发狂》中记录了一件事：在俄罗斯某个农庄，两个小孩子在牛棚的屋檐下避雨时，忽然天空中飘下一个橘红色的火球，首先在一棵大树顶上跳来跳去，最后落到地面，滚向牛棚，像烧红了的钢水似的，不断地冒着火星。两个小孩吓得一动不敢动。当火球滚到他们脚前，年纪较小的一个，忍不住用力猛踢了火

沈括

球一脚，轰隆一声，奇怪的火球爆炸了，两个小孩被震倒在地，但并没有受伤，可是牛棚里的12条牛却死了11条，幸存的一条并没有受伤。

在美国尤尼昂维尔小城也发生了一件怪事。一次狂风暴雨，雷鸣电闪之后，某家庭主妇打开电冰箱一看，十分惊奇地发现里面放着烤鸭、熟蛋和煮透的莴苣菜，可是她记得清清楚楚，这些东西放进冰箱时全部都是生的，怎么会变成熟的了呢？原来这个家庭主妇离家外出时，忘记关上窗户，一个球形闪电从窗户飘进屋内，然后钻入电冰箱里，刹那间把冰箱变成了电炉，烤熟了冰箱内的食品。有趣的是，电冰箱竟然没有损坏，还能照常使用。

前苏联有一架"伊尔－18"飞机，在1200米高空飞行，遇到雷雨，一个直径为10厘米的球形闪电闯入飞机驾驶舱，一声巨响后爆炸了。仅仅几秒钟后，它却令人难以置信地通过了密封的金属舱壁，在乘客座舱处分裂成两个光亮的半月形，随后又合并在一起，最后发出不大的声音离开了飞机。驾驶员发现机上的雷达和部分仪表失去效能，只好驾飞机立即着陆。做地面检查时，发现在球形闪电进入和离开处——飞机头部外壳板和尾部各有一个窟窿，但飞机内壁没有任何损坏，乘客也都安然无恙。

1955年夏天，苏联著名物理学家德米特列耶夫正在奥温加湖畔度假，8月23日傍晚，下了一场暴雨，德米特列耶夫正站在大楼门前观赏自然景色。这时空中掠过一道强烈的闪电，一两分钟之后，一个淡红色的火球在离地面2米半的空中，缓慢地向他站立的方向飘来，黄色、绿色和紫色的火星四溅。当火球接近他时，改为向上浮动，并且在空中一动不动地停留了几秒钟，然后飘向远处的森林，在一棵树枝上"降落"下来。火球剧烈地发射出火星，很快又熄灭了。当德米特列耶夫清醒过来以后，只觉得火球经过的地方，空气中有股少有的清新气味。职业的本能驱使他立即取来烧瓶，采取空气样品，经化验分析，发现其中含有大量的臭氧和二氧化氮，其含量大大超过

正常值，这表明在火球内部很可能发生过某种化学反应。

球形闪电这种奇特的自然现象中国国内也有过记载，但都发生在地势很高的地方，如泰山、黄山山顶。在地势低的广西桂林，竟然也出现了球形闪电，实为罕见。

球形闪电和一般闪电的机理不同。它是怎样形成的？为什么会成为火球形态？火球的能量来自何方？为什么球形闪电的发光时间很长（从几秒到几分钟）？火球的发光原理是什么？它为什么能保持球形并且能够移动？为什么它有时发出轻微的噼啪声而最后消失掉，有时却震耳欲聋地爆炸呢？诸如此类的问题长期以来令世界各国的科学家苦苦探寻，不得其解，各种假说百家争鸣。

球形闪电

法国科学家马季阿萨认为，球形闪电是一些大气的氮和氧的特殊化合物，它们在普通闪电的周围形成，并在冷却时消失。

前苏联科学家普·切尔文斯基认为，火球是一种带有强电的气体混合物。球体是不稳定的，可以因为各种原因而发生爆炸，但在某些条件下碰到导电体后可能会因放电而减弱。

前苏联科学院地磁、电离层和无线电波传播研究所的一些学者认为，球形闪电产生于雨水落进普通闪电槽里之时，它的分子粘满正离子和负离子，从而形成非同一般的外层，即形成一个球形的特殊外壳。

一些学者根据已知气体的性质加以判断：球形闪电消失后的浅褐色烟雾，是二氧化氮，而空气中相当强烈的清新气味则是臭氧。从而推测，球形闪电可能是因为有某种气体进入臭氧集中区，使臭氧很快分解而形成的。

还有很多学者认为，球形闪电是一个等离子凝团，是一种脱离开原子的电子离子混合物。不过这种等离子体不像在热核反应时变得那样极度炽热，而是"冷的"，基本上就像日光灯里的气体一样，不能炽燃。当气体放电的时期，它才能产生，而雷雨时的闪电就是这种放电。等离子凝团无论在普通闪电后，还是在普通闪电的"锋芒上"都能产生和出现。在此情况下，球形闪电"窃取"了普通闪电，并从那里获得生成的能量。

第五章　探索火星、金星和水星

飞往金星、火星

在太阳系中，有八大行星存在，当你仰视星空时，或许会想：我们地球的近邻——金星和火星，以及其他行星上面的情况究竟是什么样的？有没有生物或"外星人"？

这些都是不解之谜，也是人们时常争论的话题。因此，对于各个行星的研究，历来就是天文学家的重要任务之一。

以往在地面上用各种天文观测方法，所了解的行星的情况是很有限的。随着航空、航天技术的发展，人们自然而然地首先考虑飞向行星，甚至到别的行星上去实地考察、居住。

人类飞向行星是从 1961 年开始的。迄今为止，全世界向行星发射了各种探测器与宇宙飞船有数十次了。不少探测活动都取得了辉煌的成就，极大地丰富了人们对行星的认识。

要想飞往行星，首先要解决的是飞行的速度与方向的问题。发射宇宙飞船单单有第二宇宙速度（11.2 千米/秒）是不够的。还要考虑飞行的轨道，以及应用哪一种轨道最经济、最方便、最安全。对不同的行星，不同的探测任务，自然需要有不同的飞行轨道，所以需要人们去进行各种研究与实验。

现在，飞往行星的轨道大多是双切轨道。火箭运行的轨道和行星的轨道相切，又名霍曼轨道（是霍曼在 1925 年提出的）。它很好地利用了地球和行星的公转运动。霍曼轨道的最大好处是需要的速度最小，而最大缺点是所需时间最长。

比如飞向金星（内行星之一），火箭或飞船沿双切轨道是内切于地球轨道，外切于金星轨道。根据力学原理计算，沿双切轨道飞行，单程需要 146 天左右。如果要从金星返回地球，需要在金星上停留470天，才有机会实现

火 星

（当时金星与地球都在合适的位置上）。这样，来回全程要 762 天。而火箭从地球起飞的初速度约为 11.5 千米/秒，但发射方向与地球公转方向相反。

1961 年 2 月 12 日，有一支由苏联研制的火箭开始飞向金星。火箭是先进入地球卫星轨道（近于圆形，距地心 6601～6658 千米），然后发射探测器（自动行星际站），2 月 13 日 10 时（世界时）自动站距地球 48.89 万千米，速度为 4.05 千米/秒。2 月 14 日自动站到达地球引力作用球面（即在球面外可以不计地心引力），它的速度为 3.95 千米/秒，相对于太阳的速度为 27.7 千米/秒，它比地球绕太阳公转的速度（29.8 千米/秒）要小些。因而可能飞近金星。自动站在 1961 年 5 月 19～20 日经过金星附近，距金星还有 4 万千米，这次飞行用了 96～97 天。为什么不是 146 天呢？因为飞行轨道稍小于半椭圆形。自动站在金星附近飞行几天后，成为围绕太阳运行的人造行星。

后来，人类又陆续发射了几个探测器。特别是 1975 年 6 月 8 日与 6 月 14 日发射的"金星 9 号"与"金星 10 号"（苏联）飞船，分别于 1975 年 10 月 22 日与 25 日在金星上安全着陆。着陆器测得金星大气内的温度高达 485℃，比神话传说中的火焰山还要热。探测器工作约 1 小时后损毁。从发回的金星

照片上，可以看出金星上也有高山与峡谷，地面也不平坦，从而揭开了金星的神秘面纱。

再说飞往火星，也是采用霍曼轨道，是飞行轨道外切于地球轨道，内切于火星轨道。单程时间约为 259 天，全程约 520 天。若要从火星上返回地球，选择合适的时机，则需在火星上等待 454 天。这样，去火星来回一次约要 974 天（将近 3 年）。从地球起飞的初速度为 11.6 千米/秒，顺向（向东）飞行。

1962 年 11 月 1 日，苏联首先发射了飞向火星的火箭，带着"火星 1 号"探测器。后来在 1963 年 6 月 19 日经过火星附近，最近火星时距离为 19.3 万千米（当时火星距离地球为 26500 万千米）。

第一次在火星上着陆的，是 1971 年 5 月 19 日发射的"火星 2 号"（苏联）。它在 1971 年 11 月 27 日击中火星，探测器毁于火星表面。不久，"火星 3 号"的着陆舱软着陆（1971 年 12 月 2 日），送回一些探测资料。在火星的探测史上，"水手 9 号"（美国）无疑占有重要的一页。它是在 1971 年 5 月 30 日发射的，经过半年多的飞行，在 11 月 13 日进入环绕火星的轨道，在距离火星 1400 千米的地方，巡视火星，送回 7000 多张火星表面、大气、云层和火卫的图片及其他资料，使人们首次看到火星上复杂的地形地貌，那里有巨大的火山、宽广的沙漠、干涸的河床、蜿蜒的峡谷。火星上有时还刮起大尘暴。尘暴是火星上的台风（带沙土的台风）。尘暴起时，真是风沙蔽日，天昏地暗，致使宇宙探测器无法对火星表面进行拍摄，只有在尘暴（有的存在两三个月）停止后才开始工作。

美国为了探测火星上是否有生命存在，在 1975 年 8 月 20 日与 9 月 9 日发射了"海盗 1 号"与"海盗 2 号"宇宙飞船。这两个飞船所带的探测器分别在 1976 年 7 月 20 日与 9 月 3 日在火星上软着陆。"海盗号"应用各种方法在火星上探测，但都没有发现火星上的生物。由于这两个探测器只能考察十几平方米的范围，因此，在这两个地区没有生物，并不等于整个火星上没有生物。1997 年 7 月 8 日，美国的"火星探路者"号宇

宙飞船从火星上发回的照片表明，在该飞船着陆的火星阿瑞斯平原几十亿年前曾发生过特大洪水。这意味着火星上曾经存在过液态的水，也就可能有过生命。人类将继续去考察火星。

此外，20 世纪末各国还发射了许多宇宙探测器。有探测宇宙构造细节的哈勃太空望远镜

火星探路者

（美国，1990 年进入太空），有测定十几万颗恒星位置的"依巴谷"飞船（欧洲空间局，1990 年发射），有专测太阳两极区的"尤里西斯"飞船（美国，1990 年发射），有探测宇宙背景辐射的柯比卫星（美国，1989 年发射）等。随着空间技术的发展，人类将以更大的规模在更大的空间内开展宇宙的研究。人类将建造巨大的空间站，人类将登上火星及其他行星，宇宙开发事业将迅速发展起来。

金星和火星

金星的半径、质量、密度等与地球接近，与地球如同姊妹。一直以来人们对它的兴趣很大，希望在金星上发现生命的遗存或者在将来可以移民金星。然而，对其地面观测所得的资料比较稀少，对金星的研究充满了未知数。航天器可以为人们提供它更多的信息。虽然最初的几次探测器发射都失败了，但1962 年美国发射的"水手 2 号"从距金星 35000 千米处飞过，航天器首次成功地飞越行星，同时它发现金星的表面温度高达400 多℃。1969～1981 年，苏联的"金星"5～14 号探测器先后在金星表面成功着陆，执行了多项科学考察任务。1978 年 5

月 20 日，美国发射的"先驱者——金星 1 号"经过长距离飞行，于同年 12 月 4 日到达金星，并开始围绕它飞行，用雷达探测了金星地形的状况。"先驱者——金星 2 号"到达金星后向金星大气释放了 4 个探测器，探测器在向金星表面坠落的过程中，获得了金星大气、云层、磁场等各方面的有关数据。1989 年美国发射的"麦哲伦"号探测器又运用综合孔径雷达探测金星的表面，探测的数据让我们了解到金星的磁场很弱，表面气压是地球海面气压的 90 倍。"金星 12 号"还探测到了金星上空的闪电。

1976 年，美国的"海盗 1 号"和"海盗 2 号"登陆器分别登陆火星，在降落的过程中，测量了大气温度的分布情况及火星大气压的情况。通过火星上有干涸的河床及流水冲击的特征，证明在过去火星曾有过大量的水。"海盗"号飞船的分析结果表明火星大气和表层物质中不存在有机分子。摄像机监视结果也表明火星上没有生命活动的迹象。因此我们也许可以下结论说，火星表面到现在可能没有生命的存在，更严格地来说，是没有与地球上类似的生命。人们不仅对火星进行了积极的研究，也开始对火星的两个卫星充满了兴趣。在 1988 年 7 月 7 日和 7 月 12 日，苏联发射了火卫飞船 1 号和 2 号绕火卫飞行并着陆。

最近十几年，随着科技的飞速发展，人们可望在十年内直接登上火星直接进行实地考察，彻底揭晓火星上有关生命的问题。因为在太阳系中，它是最有可能存在生命的星球。人类在踏上火星之前，已开始进行一系列的准备。

"海盗号"火星探测器

135

1993 年美国"火星观察者"探测器在进入环绕火星的轨道之后，与地球失去联系，致使计划难以实施，宣告失败。1996年 12 月，美国又发射了"火星探路者"号探测器，经过 7 个月的星际飞行，终于在火星的阿瑞斯平原着陆。火星探路者携带了一个六轮小车，称其为"火星漫游者"，因为它能在火星的表面漫游，价值 2500 万美元。它对火星岩石和土壤进行了分析，通过照片证实了"海盗"号的结论，火星上的确曾发生过大的洪水。

1996 年 11 月，美国发射了"火星全球勘测者"，在绕火星的轨道上探测火星表面、大气和磁场的情况。它还向地球发射无线电波，经过火星大气后传送到地球，由此让人类可以得知火星大气的温度、引力和化学组成。1999年 1 月 3 日，"火星极地着陆者"发射成功，然而，在飞行了 11 个月并在火星上登陆以后，就与地面失去了联系，这次航天活动宣告失败。此后发射的火星气候观测器也均没有成功。2001年，美国又发射了

火星快车探测器

"火星奥德赛"探测器，已成功抵达火星并进入环火星轨道。

欧洲空间局于 2003 年发射了"火星快车"探测器考察火星，这标志着欧洲空间局在行星探测方面揭开了一个新的篇章。它将由轨道器和着陆器组成。轨道器上有一个着陆器通信包，用于支持国际上在 2003～2007 年间开展的火星探测活动。

红色的战神——火星

在太阳系的八大行星中，最令地球人感兴趣、故事最多的要数火星了。

在清澈的夜幕上，荧荧如火、缓缓穿行于众星之间的火星格外引人注目。按照距离太阳由近及远的次序，火星排第四名。肉眼看去，火星闪烁着引人注目的火红色光芒，在众星之间缓慢地穿行。从地球上看去，它时而顺行时而逆行，不断变化，而且亮度也常有变化，最暗时视星等为＋1.5，最亮时甚至超过了天狼星，达到－2.9。由于火星亮度经常变化，位置也不固定，且荧荧如火，所以在古代中国称火星为"荧惑"。而在古罗马的神话中，火星被比喻为身披盔甲、浑身是血的战神——"玛尔斯"。在希腊神话中，火星同样被看做是战神，名为"阿瑞斯"。

古代欧洲人把它当作战神，它那火红的颜色象征着战争，因此，在古人心目中，这是一颗不吉祥的星。

到了近代，望远镜的大量应用为人类观测火星开阔了视野，也为火星洗刷了"不吉利"的罪名。

1863年，意大利天文学家赛奇用天文望远镜观测火星时发现，火星上较亮的地方反射出黄中含粉的颜色，较暗的地方颜色却是灰中含绿，而且面积很宽阔，尽头变成细长的直线和曲线，于是，赛奇认定，火星上有"宽阔的海"，和"狭窄的河道"，与地球十分相似。

1877年，火星和地球在公转的轨道上距离恰巧非常接近。意大利天文学家斯基亚巴雷抓住这难得的机会，用倍数更高的天文望远镜观测火星，发现火星上有一条条直的暗线把暗区连成一大片，就像地球上的海峡联结着大海，他把这些暗线称为"水道"。意大利语的"水道"译成英文时，却被误译成了"运河"。于是，人们对火星又有了新的猜测和幻想：既然火星上有河流，有海，有水就会有生命；既然火星上有"运河"，就

有开凿运河的类似地球人的智能生物存在。

科幻家们更是浮想联翩，描绘出一个个离奇古怪的火星人。有关火星上到底有没有火星人的争论，持续了一个多世纪之久。

随着第一颗人造卫星上天，天文学进入了空间时代。现代化空间探测器终于揭开了火星的真面目，结束了人类对火星的猜想。原来火星上既无水，更无生命，只是一片荒凉的不毛之地。

火星表面的土壤中含有丰富的氧化铁，由于长期受紫外线照射的缘故，这些铁质就生成了一层红色和黄色的氧化物。夸张点讲，火星就像一个生满了锈的世界。由于火星与太阳相隔比较远，所以接收到的太阳辐射能只有地球的43％，因而地面平均温度比地球低大约30多℃，昼夜温差可达100℃。在火星赤道附近，最高温度也仅有20℃左右。火星上也存在大气。其主要成分是二氧化碳，约占95％，还有少量的一氧化碳和水汽。

火星的赤道半径为3395千米，是地球的一半，质量仅是地球的1/10，体积不到地球的1/6。火星比地球小，但内部结构和地球一样，也存在核、幔、壳的结构。

火星的自转和地球十分类似。火星公转一周约为687天，自转一周的时间为24小时37分22.6秒。在火星上一昼夜的时间比地球上稍长一点，火星的1年约等于地球时间的2年。

火星有两个卫星。与其较近的一个叫火卫一，较远的一个叫火卫二。由于在希腊神话中火星被看做是战神阿瑞斯，所以欧洲天文学家用阿瑞斯的两个儿子命名它们为福波斯和德瑞斯。

火星上有无水与生命

"火星，曾经很可能水声滔滔。"中国南京紫金山天文台的王思潮研究员说道。20世纪60年代，经过探测，人们发现火

星的地形比较奇怪。火星上有着经过水冲刷的干涸的河床，宽有 200 千米，说明火星可能存在着液态的海洋。最深处，大约有 1.6 千米。"可以想象到，当时的火星，水声滔滔的，气候也比现在温暖。"王思潮描述着。

"现在，从人造卫星拍摄的照片看来，科学家们推测那些印迹是水冰。现在的疑问就是，这究竟是水冰，还是二氧化碳冰，还要进一步地研究。"在研究了火星上发现冰的最新报道之后，北京天文馆的赵南生研究员提出了自己的看法："若经过证明，这就是水冰的话，那么，火星表面的水冰下面深处，可能有液态水存在。"

赵南生认为：以前，有人认为火星上存在着水，后来又被人们否定了。这次，天文学家们发现了火星上存在着水，并不意味着这个工作就结束了。这个结果还需要进一步地论证。若有液态冰的话，很可能存在着生命。

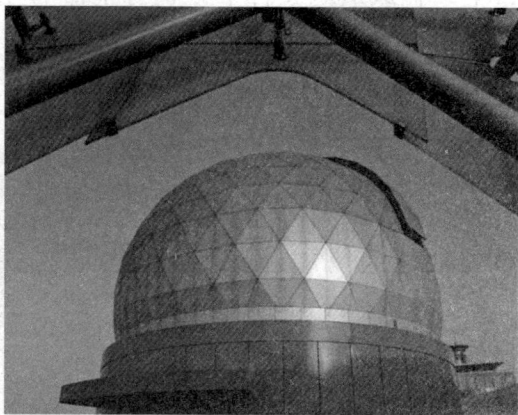

北京天文馆

"有一点可以肯定：无论从科学探索的角度，还是从思辨的角度来看，目前，在火星的表面没有发现有生命的存在。"赵南生总结道。

人们在探索着火星上是否存在着水的问题的同时，也在关注着火星上是否存在着生命的问题。1976 年，美国的两个飞行器，"海盗 1 号"和"海盗 2 号"首次降落在火星地面取样。人们想看看火星上是否有生命的痕迹。但是，当时的取样比较浅。火星生命是否存在仍是一个难解谜团。现在，探索火星的最新计划是到火星的南极地区取样，取样要深一些。这样，科学家们可以展开进一步的深入研究。

关于火星上是否有生命的问题，王思潮认为：若在火星地层的深处，存在着液态水的话，那么，在一定的条件下，就可能有低等生物的存在；我们不能排除火星上还存有生物的可能。

据介绍，前些年，一块发现于地球南极，编号为ALH84001的陨石再次引起公众对火星的强烈关注。据说它是来自火星，科学家还在陨石中发现了可能是火星细菌化石的沉积物。陨石中的氨基酸不同，有着左旋、右旋的区别；而地球上仅仅有一种，就是碳氢化合物。由此可见，生命存在着多样性。就是地球上的生命也不是完全一样的。在海洋底的火山喷口上，在缺氧的条件下，也有生命的存在。

正致力于研究蛋白质变性等问题的赵南生认为：生命以蛋白质的形式存在着，另外，生命的存在还需要一定的物理和化学等条件。目前，火星的表面还不具备这些条件。至于火星的表面以下，到底存不存在着生命，目前还

海底火山喷发

是没有定论。泵面以下，到底存不存在着生命，目前还是没有定论。

此外，甲烷的存在也是火星上可能有生命的又一证明，因为地球上的甲烷大都是由生命体产生的。

就在2003年与2004年，有三个独立的研究团队宣布在火星大气中发现甲烷。美国航天总署（NASA）哥达德太空飞行中心的孟玛带领研究团队，利用位于夏威夷的红外线望远镜与位于智利的双子星天文台南座望远镜，以高分辨率光谱仪侦测到火星上甲烷的浓度超过250ppbv（体积的十亿分之一），浓度

随着地点而不同，可能也会随着时间而变。

任职于罗马物理与行星际科学研究所的佛米沙诺与同事分析了数千个搜集自火星快递轨道卫星的红外线光谱，发现的甲烷含量低得多，约为 0～3.5ppbv。一般行星的平均值约接近10ppbv。后来，美国天主教大学的斯若波斯基和同事利用加法夏望远镜（CFHT）测量到的行星平均值约为 10ppbv，不过因为讯号与空间解析力不够，他们无法测量到在行星上的变化情形。

孟玛的研究团队正在重新分析他们的资料，想找出为什么数值会有这么大的差距。以目前来说，人们会把 10ppbv 的值当做是最有可能的，这样的甲烷浓度（单位体积的分子数）相当于地球大气中甲烷浓度的十万分之四。不过，即使是这么低的含量，也仍需要解释。

要回答这样的问题，第一个步骤必须要得知甲烷产生或由某处逸出的速率，那么，得先反过来测量大气中甲烷减少的速率。在火星地表海拔 60 千米以上，太阳的紫外线辐射会分解甲烷分子，在较低层的大气，则是水分子会因紫外线光子的照射而分解，形成氧原子和羟基（－OH），而使甲烷氧化。在没有补充分子的情况之下，甲烷会逐渐由大气中消失。

甲烷生命期的定义为，在原有的大气中，甲烷浓度因凝结而降为原本的 $1/e$ 倍（e 为数学常数，约 2.7182818284）或约 $1/3$ 倍时所花费的时间，在火星上是 300～600 年。甲烷生命期会依水汽含量（随季节改变）、太阳辐射强度（随着火星公转而周期性变化）而有所不同。在地球上，相似过程所造成的甲烷生命期约为 10 年。

在火星上，甲烷的生命期够长，风和扩散作用应该有充裕的时间可以使甲烷与大气均匀混合才对，这么一来，甲烷浓度随着地点而改变的这个观测结果，就很令人不解了。这表示甲烷气体可能是来自某些局部地区，或是在某些地区会因土壤吸收而减少。容易和甲烷发生化学反应的土壤，可能就是储存甲烷的地方，它们使甲烷的量加速减少。如果真有这样额外的储

存机制在运作，那么这就是让甲烷量得以维持在观测值的一个重要来源。

下一个步骤是要考虑形成甲烷的可能情形。先研究火星是个不错的开始，因为这颗红色行星上的甲烷含量很低，以生命期600年的情形来说，要使全火星平均甲烷浓度维持在10ppbv的定值，每年所产生的甲烷必须略多于100吨，这大约是地球上甲烷产生率的二十五万分之一。

和地球上相同的是，火山可能不是最重要的因素。火星上的火山已经沉寂了数亿年，而且，如果火山爆发喷发出甲烷，应该同时也会喷发出大量的二氧化硫，但是火星的大气中却缺乏含硫化合物。外层空间来的贡献看来也相当微小，根据估计，每年约有2000吨的微流星体尘埃来到火星表面，其中碳的质量占不到1%，即使这些物质大多被氧化，也只会是甲烷不太重要的来源。彗星的整体质量中，甲烷占约1%，但是平均每6000万年彗星才撞击火星一次，因此，每年彗星所递送的甲烷量大约1吨，不到所需的1%。

那么，会不会是最近有颗彗星撞上了火星，它带来大量的甲烷，经过一段时间后，在大气中的含量降低到了目前的数值？100年前一颗直径200米的彗星撞击，或是2000年前一颗直径500米的彗星，都可以提供足够的甲烷，

彗 星

以符合现在观测到的平均含量10ppbv。但是此想法也碰到问题：火星上甲烷的分布不是均匀的。要使甲烷在各方向都均匀分布，大约只需几个月。因此，从彗星撞击而来的甲烷最终应该会均匀分布，这和观测结果相矛盾。

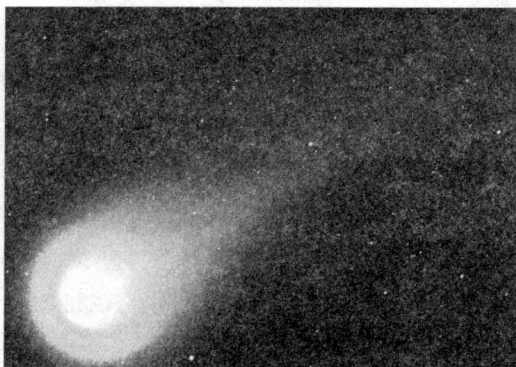

142

火星上有无城市的争论

从 1976 年美国发射的"海盗 1 号"飞船发回的照片上，人们可以清楚地看到，在火星上的一座高山上，耸立着一尊巨大的五官俱全的人面石像，从头顶到下巴之间足有 16 千米长，脸中心宽度达 14 千米，与埃及的狮身人面像极为相似。这尊石像仰视天空，呈现凝神静思的样子。在人面石像对面约 9 千米的地方，还有 4 座类似金字塔的、对称排列的建筑物。

起初，两幅有关火星人面石像的照片并未引起人们的注意，因为许多人都认为这不过是自然侵蚀的结果，或者是自然光影构成的图像。后来人们用精密仪器对照片进行分析，发现人面石像有非常对称的眼睛，并且还有瞳孔。这样精巧的构成只有一种解释——石像是由智慧生物创造的。

后来人们对这些照片进行进一步研究，又有了许多惊人的发现，火星上的石像不止一座，而是许多座，并且连眼、鼻、嘴，甚至头发都能看得很清楚。金字塔也同样有许多座，同时还有类似城市废墟的遗迹。

科学家们通过研究，估计这些石像和金字塔都有 50 万年的历史了。有人认为，或许那时火星上具备生物存在的条件，这些以石头为材料的建筑艺术，很可能就是当时智慧生物制造的。然而也有人认为，这些建筑物也可能是外星人在火星上创造的。

根据"海盗 1 号"传回的资料，有的科学家推测：在很久以前，火星曾有过一段辉煌的时期，上面生存着各种各样的生物，后来可能是遇上了什么大灾难，就像地球上的恐龙一样，一下子都死光了。

那么，到底是什么灾难使火星上的生物一下子都死光了呢？这是一个留给科学家们继续破解的大谜团。

火星为什么是红色的

太阳系中火星闪耀着红色的光芒。古罗马人认为火星的红色外观体让人联想起身披盔甲或浑身是血的勇士，所以用神话中的战神玛尔斯来命名它。人类虽然很早就观察到火星是红色的，但数千年来始终没有弄清其原因。

19世纪末20世纪初有些天文学家发现，火星的红色会随时间变化，有时颜色深，有时颜色浅。因而他们认为：火星之所以呈红色，是因为其表面生长着大片红色的植物；随着火星上四季的变化，两极的冰雪交替消融，浇灌着这些植物，使植物生长也呈现周期性，而火星的颜色也因之产生了深浅变化。作为佐证，他们还观察到火星上存在一些"运河"，他们猜测这些"运河"是火星上的智慧生物开掘的，用以引来两极冰雪融水以浇灌植物。

20世纪70年代初，行星际火箭被送入火星附近轨道，它发回的火星照片表明，火星表面只是一片干燥的不毛之地，并没有什么红色植物，也不存在什么"运河"，而只有一些环形山，当然也就更没有什么智慧生物了。显然，火星表面呈现红色并不是由于存在红色植物的缘故。于是科学家们开始把注意力集中到火星表面的土壤上。或许火星表层土壤是由粉红色的类似长石的矿物构成的，或许是由一种地球上所没有的矿物所构成的。当时有人推测，火星表层土壤是由一种性质类似塑料的低价碳氧化物所构成。

1976年，有两架登陆器被送往火星，登陆器上装备着特殊的仪器，可分析火星土壤并把资料发回地球。但是发回的资料有限，并不足以说明问题。

科学家本·克拉克研究了登陆器发回的火星土壤资料后认为，火星的土壤是一种具有磁性的灰粉，可能属磁铁矿，这种矿物在地球上通常呈现黑色，火星上的环境使它进一步氧化变成红色。然而这种观点仍存在不足，例如火星上的土壤具有磁

性，而地球上红色的富铁矿却多半没磁性。黑色的磁铁矿，在火星上，又是如何变成红色的呢？

美国普林斯顿大学的地质学家地特·哈格雷夫斯和布鲁斯·莫斯科维茨认为火星的表层土壤是由绿高岭石构成。然而在地球上绿高岭石既不具有磁性也不是红色的，它是一种黄绿色的矿物，是由海底火山喷发形成的。

对此他们解释说，千百万年前火星上的火成岩与火星上一度存在的山峰相互作用，形成了一层绿高岭石外壳。当时不断有大量陨石穿过薄薄的二氧化碳大气层落在火星表面，陨石落下时的巨大冲击产生了足够的热量，使火星表面某些区域的绿高岭石转变为红色的磁性矿物；而随后落下的陨石又将这些红色的磁性矿物击碎为细小的红色尘土，随火星上的大风暴四散，分布到整个火星表面，从而使火星呈现红色的外观。

为了证实这一观点，这两位地质学家用地球上的绿高岭石做了实验。结果发现，绿高岭石在 900℃ 的高温下加热 5 分钟后就变成了具有磁性的红色矿物。然而，尽管这一理论有实验支持，但也并非无懈可击。例如，形成绿高岭石

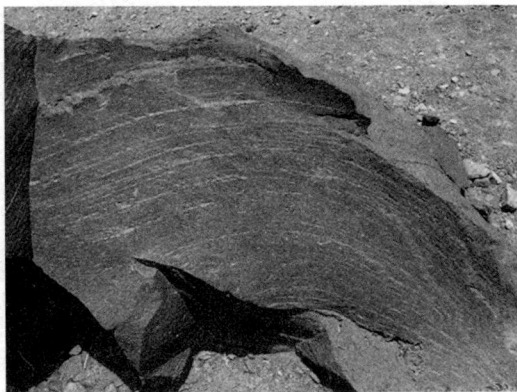

火成岩

要有大量的水参与，而目前并不知道火星上究竟有过多少水。看来要真正弄清这一问题，还有待于进一步研究了。

火星上的水哪里去了

经人造卫星探测，我们知道火星表面并没有水。然而，科学家们分析，在火星的历史上，经蒸发的水很可能足以形成一

个遍布全球 50～100 米深的大洋。火星上这么多的水，现在都藏到哪里去了呢？

火星的水是不是储存在大气里呢？"海盗"号探测器的测量表明：即使将火星大气里的所有水蒸气凝集起来，也只能在火星表面构成 10 微米厚的薄薄的一层水。

现在多数人认为，火星的水大部分都躲藏在火星的外壳里。

火星像月球一样，表面布满了大大小小的环形山，这表明，火星在形成不久就经历了剧烈的轰击。轰击大概使火星表面断裂，形成很深的裂痕，并可能产生一个几千米厚的多孔的外表层。这个巨大的"千缝百孔"的地壳中足以容纳覆盖球面几百米深的水。

由于火星上温度很低，自由流动的水是不存在的，大部分作为地下水蕴藏在地壳之中，只有在火星赤道附近，一年最温暖的季节里，火星地壳中接近地表的冰才会融成液态水。

但这些都是一些假设和推测，究竟火星的水藏在哪里？还有待进一步探测。

2006 年，美国"机遇"号火星车的最新探测结果显示，现在干燥寒冷的火星在其历史上也许有过一番海涛拍岸的景象，火星表面过去可能部分为咸海所覆盖。如此浩瀚的大海现在究竟在哪里？这一番"沧海桑田"的变化原因何在？

日本宇宙航空研究开发机构水谷仁教授认为，金星过去也曾有水，但由于它离太阳太近，以及大气中高浓度二氧化碳产生的温室效应，金星表面温度极高，水因此被全部蒸发，消失在茫茫的宇宙，而火星水的消失好像和金星不太一样。

水谷仁教授说，磁场毁坏在火星水的消失中起到了巨大作用。在人类居住的地球上，磁场好比盾牌，挡住了太阳向地球倾注的高能粒子，防止太阳风暴直接光临大气层和地面。现在的火星虽然还有很强的磁场，但已经没有像地球磁场这样的规模。火星磁场大概在 30 多亿年前伴随火星内部的冷却凝固而逐渐被毁坏，使火星难以避免太阳风暴的全面袭击，大气中的

水蒸气因此被分解为氢和氧，消失在茫茫宇宙。

另外，火星只有地球一半大，引力仅相当于地球引力的40％，维系大气的力量相对较弱，这对水的消失也有一定影响。前苏联"福波斯2号"探测器还发现，在火星黑夜的一侧现在仍有大量氧气正在向宇宙流失。科学家根据有关数据推测，过去火星的大气压曾是目前地球大气压的近三倍，而现在只有地球的五十分之一。在这种情况下，如果火星表面有少量水流出，马上就会汽化。

也许，并非火星上所有的水都消失在宇宙中。东京大学副教授阿部丰说，随着大气中水、二氧化碳的减少，温室效应减弱，火星逐渐变冷，大气中的水经冷冻之后降到地面，因此，火星上的水可能像冰川一样藏在火星的地下。

根据美国"奥德赛"火星探测器在火星上空观测的数据，以火星南极为中心的高纬度地区地下有大量氢分子存在，如果这些氢分子和氧结合以水的形式存在的话，会成为一片烟波浩渺的大海。然而从上空观测只能到观测地下1米的情形，阿部丰副教授认为，在高纬度地区更深的地下，可能会有冰川存在。欧洲"火星快车"探测器前不久也发现了火星极地有水的痕迹。

日本国立天文台渡边润一副教授认为，"勇气"号和"机遇"号火星车靠太阳能电池获得能量，因此着陆地点都选在阳光很强的火星赤道附近，而在火星赤道附近的地下现在基本上没有水。至于其他地区是否有水，还有待进一

"奥德赛"火星探测器

步地研究。

火星上存在运河吗

1877 年，火星离地球特别近，相距只有 6400 多万千米，因此是一个观测火星最佳的时机。欧洲的天文学家们当时正在纷纷准备用新研制出来的望远镜，对我们这个行星近邻进行当时所能进行的最详细的观测。这些天文学家中，有意大利米兰的一位观测者乔范尼·夏帕雷利，他是时装设计师和香水商夏帕雷利的旁系亲属。

地球人们一般用望远镜观测到的火星是模糊不清的，经常被地球大气变化无常的湍流所阻挠，这种湍流天文学家称之为"星象宁静度"。但是地球大气也有宁静的时刻，这时火星圆面上的真实细节似乎就闪现出来了。夏帕雷利惊喜地发现，在火星的圆面上布满了极细的直线所构成的网状系统。他把这些线条称为 Canali，这在意大利文中是"沟渠"的意思。然而，这个字在译成英文时被译成了"运河"，而"运河"这个词明显地意味着是有智慧的生命设计出来的。

夏帕雷利的观测被洛厄尔继承了过去。洛厄尔是一个外交官，曾被派往亚洲国家任职。洛厄尔的哥哥是哈佛大学校长，姐姐是一个更为有名的人物——女诗人艾米·洛厄尔（在某种程度上是因抽黑色小雪茄而闻名）。他在亚利桑那州的弗拉格斯塔夫建造了一个私人的天文台来研究火星。他和夏帕雷利一样，也发现了 Canali。他对 Canali 做了进一步的说明，并煞费苦心地设想出了一种解释。

据洛厄尔推测，火星是一个正在消亡的星球，它上面早已出现了智慧生物，他们对火星上各种险恶条件已能适应，其中最主要的一条就是缺水。洛厄尔想象，火星上的文明社会建设了一个范围广阔的运河网，把水从溶解着的极地处引到位于赤道附近的居住点。这个论点的关键在于这些运河整齐笔直，其中有些运河顺着大圆延伸数万千米。洛厄尔认为，这种几何图

形不可能因地质活动而产生。这些线条太直了，只有智慧生物才能造得出来。

但是，在星象宁静度很好的几秒钟之内要画出火星上斑斑驳驳的详情细节来实在是太困难了，因此，眼、脑、手并用，很可能把这些并不关联的地形连成一条直线。从 20 世纪初到航天时代开始的这段时间内，对火星进行观测的许多天文学家发现，在星象宁静度很好但不能算极好的观测条件下，他们能够看见运河；而在星象宁静度极好的极为罕有的时刻里，他们能从那些直线中分辨出为数众多的点和不规则的枝节来。

1971 年，"水手 9 号"飞船开始拍摄一个被传统观测家叫做科普雷茨的地区。科普雷茨是洛厄尔、夏帕雷利和他们的追随者所发现的最大的"运河"之一。当火星表面的大尘暴结束时，科普雷茨展现出一个极大的裂谷，在火星赤道附近从东到西绵延 4800 多千米，在某些地方有 80 多千米宽，1600 多米深。它并不是笔直的，肯定不是一项工程。但这个大裂谷从比例上来说要比地球上任何一个这样的地形长得多。

在科普雷茨外面的那些地形真是千奇百怪——弯弯曲曲的沟渠在科普雷茨裂谷上面的高地上蜿蜒，周围伸展着许多美丽的小支渠。如果我们在地球上看见这样的沟渠，毫无疑问会

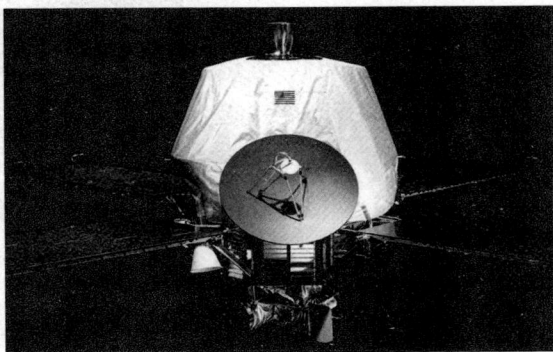

水手 9 号探测器

认为这是水流冲刷造成的。但火星上表面压力极小，液态水会立即蒸发掉。

但随着"水手 9 号"摄影工作的继续进行，人们又发现了一系列别的沟渠：有的沟渠有第二级和第三级的支渠系统，有的沟渠在始点和终点都没有火山口，有的沟渠中央具有泪珠形

的小岛，有的沟渠终点呈辫子形状，就像地球上洪水冲刷成的一样。

看上去似乎毫无疑问，在几十条很长的这种沟渠（最长的有几百千米长）中，大多数以及几百条较小的沟渠是由水流冲刷而成的。但由于目前火星上没有液态水发现，那么这些沟渠一定是火星历史上某个早期年代里形成的，那时火星上的总压力要大些，温度也要高些，因而很可能有过水。

"水手9号"飞船所摄制的沟渠有力地说明了火星上可能发生过重大的气候变化。从这个观点看来，今天的火星正处于冰期之中。但是在过去（目前还不知道究竟是多少年以前）火星的环境要温和得多，与地球相仿。

这种戏剧性气候变化的原因还在热烈争论之中。在发射"水手9号"飞船之前，人们曾提出过，在火星上可能出现过气候变化，有过液态水。这种气候变化可能是由于岁差所引起的。火星上的岁差期大约是5万年。如果我们现在处于岁差期的冬天，北极冰帽较大，那么

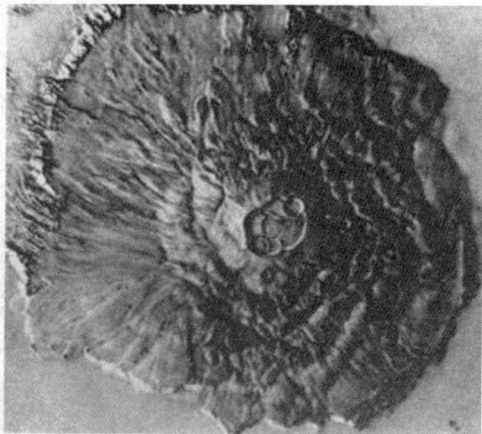

水手9号所摄火卫一的图像

25000年以前则是南极冰帽较大的岁差期冬天。但是12000年以前很可能是岁差期的春天和夏天。那时的稠密的大气层可能现在已关到极帽里去了。12000年以前，有一段时期在火星上可能气候温和，夜晚迷人，流水沿着无数小河、溪流淙淙流动，汇成汹涌澎湃的大江。其中有几条江河可能就是流入这个巨大的科普雷茨裂谷的。

如果情况确实如此，那么12000年以前火星上是一个适于类似地球上的生命生存的时期。如果火星上有一种生物，有可

能会使它的活动适应于岁差期的夏天，而在岁差期的冬天停止活动。地球上的许多生物在比这短得多的每年的冬天就是这么做的。它可以造出孢囊来，它可以变成像植物一样能生存的形式，它可以进入冬眠状态，一直冬眠到漫长的冬天结束。如果火星上的生物确实是这样做的，我们现在到火星去可能早了12000年，但也许是晚了12000年！

这些想法是有办法加以检验的。在某种程度上，假想的火星生物可能从流水的重现来知道岁差期春天的到来。那么，就像琳达·萨根提到过的那样，可以用"加水"的办法来探寻火星上的生命。而这正是将来在火星着陆并探寻微生物的生物试验着手进行的事。人们利用一只自动手把两块火星土壤的试样丢在水里，而把第三块试样放进一个没有水的容器之中。如果前两个试验证明确有生物存在，而第三个试验却没有，那对于"火星上的生物正在等待着冬天的结束"的想法多少是个支持。

但完全有可能说，这些试验方案过于地球沙文主义了。很可能有一些火星生物对现在的地球环境完全不适应，放到水里反而会淹死。把火星的生物看成是睡美人，正在等待着人类给她们施以帮助和唤醒——这个设想是一个不大会成功的，但是令人极为神往的尝试。

绝非所有的沟渠都与洛厄尔和夏帕雷利绘制的传统"运河"的位置相符合。有些地方，如塞劳尼克斯，看来是山脉。另外一些地方则目前还看不清详细情况。但是有一些沟渠，如科普雷茨，是火星表面的沟槽。火星上确实有沟渠，这些沟渠可能有某些生物学上的含义，和洛厄尔所想象的人不相同（根据漫长的冬天这一模式假定），但这些沟渠也可能与火星生物学毫无关系。

洛厄尔所设想的运河是不存在的，但夏帕雷利的"运河"人们却多少可以看得见。或许将来的某一天这些沟渠里会重新装满了水，还会有从地球上来访的平底舟在里面行驶，也未必可知呢。

火星上有类人生命吗

　　1898 年著名的英国科幻家威尔斯出版了《大战火星人》一书，"顶着大头、长着章鱼似的脚爪"，这就是威尔斯笔下的火星人。"他们步步入侵地球，为了寻找一个富有朝气、水源充足的新天地"，威尔斯的火星人文学一经出版，着实引起了一场大恐慌。

　　我们多么想一睹科幻家笔下的火星人的真容啊！可惜，现代人类的太空探测证明，火星上根本没有任何生命。

　　从 1960 年至 1980 年间，苏联和美国先后共有 20 次探测火星的空间活动，其中苏联的"火星 2 号"、"火星 3 号"和美国的"水手 9 号"探测器分别于 1971 年 5 月 19 日、28 日和 11 月 13 日成功进入围绕火星运行的轨道，成为火星的人造卫星。1976 年 7 月和 9 月，美国的"海盗 7 号"和"海盗 2 号"飞船的着陆舱分别顺利在火星上着陆。从火星人造卫星和着陆舱向地球发回的许多珍贵的实地观测资料中，人们终于窥见了火星的真面目。

　　原来火星是块赤红色的不毛之地。它的表层只不过是干燥、荒凉、寂寞、寒冷的旷野，遍地沙丘、岩石和火山口。它的最高峰是珠穆朗玛峰的 3 倍，它的峡谷也比地球最大的峡谷更大更深。那条引起无数人遐想的"运河"，却不过是些峡谷、裂缝、积成长条的尘土和一排排的环形山或斑块而已。而那个让地球人以为如同地球南北极的火星"极冠"，也不过是二氧化碳冷凝的干冰。使火星成为宇宙奇观的那火红的颜色，是因为布满火星表面的尘埃粒随风飘荡，在空中形成了一个高达 40 千米的尘埃层，漫射太阳光的结果。

　　火星虽有春夏秋冬、白昼黑夜之分，但由于火星导热、蓄热能力极差，四季昼夜的温差也大得惊人，最高达 30℃，最低为 -222℃。火星上虽有大气，但它的大气压不到地球大气压的 1%；大气中 95% 是二氧化碳，还有氮和氩，以及各种微量

气体 30 余种，氧气却少得可怜，成了一种稀有气体。大气中的水蒸气更加稀少，平均为大气总量的 0.01%。火星虽有枝脉丛生、弯弯曲曲的"河床"和长达 1500 千米、宽达 60 千米以上的"海床"，却没有水。就连那两颗人们一度以为是火星人制造的"人造卫星"的火星卫星，其实也是遍布稠密的撞击坑、覆盖着一层碳质球粒陨石的自然天体。

大量火星情报资料证明：火星不具备生命生存的必要条件，火星上没有所谓的"火星人"。

不仅如此，20 世纪 70 年代以来的太阳系空间探测的结果证明：月球、水星、金星、木星、土星、天王星、海王星上都没有生命存在迹象，太阳系里唯有我们美丽的地球具有生命存在的得天独厚的条件。

最亮的金星光

金星，在中国民间的称号为"太白"或"太白金星"。古代神话中，"太白金星"是一位天神。古希腊人称金星为"阿鞭洛狄忒"，是象征爱与美的女神。而罗马人把这位女神称为"维纳斯"，于是金星也被称为维纳斯了。

在太阳系的八大行星中，最明亮的星就是那颗时而晨出东方、时而暮现西空的金星。

金星在天空的光亮仅次于太阳和月亮，亮度最大时为 -4.4 等，比著名的天狼星（除太阳外全天最亮的恒星）还要亮14 倍。金星没有卫星，因此金星上的夜空没有"月亮"，最亮的"星星"是地球。由于离太阳比较近，所以在金星上看太阳，比在地球上看到的太阳大 1.5 倍。金星的亮度为什么能称雄全天呢？

金星是距离地球最近的行星是原因之一，但更主要的应当归功于金星周围那层浓浓的迷雾了。这层云雾反射日光的本领远远超过了笼罩着地球的大气层，它能把 75% 以上的光线反射出来，尤其对红光的反射能力比蓝光更强，这就是为什么金星

153

看上去全天最亮，而且金光灿灿的缘故。

那么，这层使金星赢得"最亮之行星"这顶桂冠的迷雾又是什么东西构成的呢？

有人说金星的云雾中有大量的灰尘，有人猜测它是由一种叫二氧化三碳的物质构成的，或是二氧化碳受阳光的紫外线照射后变成的；也有人说金星的云与地球的云不同，不是由水蒸气构成，而是别的什么比水蒸气更能反射阳光的东西。

其实，金星的云雾中除了水蒸气和一些对人体有害的气体外，主要成分就是二氧化碳，其密度比地球大气中的二氧化碳含量高出 1 万倍之多。而金星北极周围的暗色云带则是由水汽或水晶凝聚而成的卷云组成。

有人称金星与地球是孪生姐妹，确实，从结构上看，金星和地球有很多相似之处。金星的半径约为 6073 千米，只比地球半径小 300 千米，体积是地球的 0.88 倍，质量为地球的 4/5；平均密度略小于地球。但两者的环境却相差巨大：金星的表面没有液态水，温度与大气压力都极高，并且严重缺氧，在这种残酷的自然条件下，金星不可能有任何生命存在。因此，金星和地球只是一对"貌合神离"的姐妹，就像古代中国故事中的穷兄弟与富哥哥一样的两兄弟。

金星的大气中，二氧化碳最多，占 97% 以上。同时还有一层由浓硫酸的组成浓云，厚达 20～30 千米。金星的表面温度高达 465℃～485℃，大气压约为地球的 90 倍。

金星的自转非常奇怪，自转方向是自西向东，与其他行星相反。因此，在金星上看，太阳是西升东落。它自转一周要 243 天，但一昼夜却极其的漫长，相当于地球上的 117 天，这就是说金星上的"一年"只有"两天"是白天，即一年中太阳只出现两次。金星绕太阳公转的轨道是几乎等同于正圆的椭圆形，公转速度约为 35 千米/秒，公转周期约为 224.70 天。

金星上的城市废墟

在拂晓时刻，在东方地平线上，我们有时会看到一颗特别明亮的"晨星"，人们称它为"启明星"；而在黄昏时分，在落日的余晖中，在西方的天空有时也会出现一颗非常明亮的"昏星"，人们叫它"长庚星"。这两颗星其实是一颗，即金星。金星是太阳系的八大行星之一，按离太阳由近及远的次序排为第二颗。它是离地球最近的行星。

据人类目前所知，相对于火星来说，金星的自然环境要严酷得多。金星的表面温度高达 $500℃$，大气中的二氧化碳占到 90% 以上，时常降落狂暴的具有腐蚀性的酸雨，还经常刮比地球上 12 级台风还要猛烈的特大热风暴。金星的周围是浓厚的云层，以至于 20 余年（1960～1981 年）间从地球上发射的近 20 个探测器仍未能认清其真实面目。

20 世纪 80 年代，美国发射的探测器发回的照片显示，金星上有大量人工建造的城墟。经分析，金星上共有城市废墟 2 万座，这些城墟建筑呈"三角锥"形金字塔状。

从照片上看，每座城市实际上只是一座巨型金字塔，门窗皆无，可能在地下开设有出入口；这 2 万座巨型金字塔摆成一个很大的马车轮形状，其圆心处为大城市，呈辐射状的大道连着周围的小城市。

研究者认为，这些金字塔式的城市可以有效地避免白天的高温、夜晚的严寒以及狂风暴雨。

前苏联科学家尼古拉·里宾契诃夫是首次披露在金星上发现城墟的消息的，在比利时布鲁塞尔的一个科学研讨会上。1989 年 1 月，苏联发射了一枚探测器。该探测器带有能穿透浓密大气的雷达扫描装备，也发现了金星有两万座城墟这一重大秘密。

刚开始的时候，人们还不敢断定这些就是城墟，认为可能是探测器出了问题，也可能是大气层干扰造成的海市蜃楼的幻

象。但经过深入研究，人们确信这些的确是城市的遗迹，并推测是智能生物留下来的。不过，这些智能生物在金星上早已绝迹了。

里宾契诃夫博士在会上指出，我们渴望弄清分布在金星表面的城市是谁造的，这些城市是一个伟大的文化遗迹。这位前苏联科学家详细地介绍说："在那些以马车轮的形状建成的城市的中间轮轴部分就是大都会。根据我们推测，那里有一个庞大的呈辐射状的公路网将其周围的一切城市连接起来。"他说："那些城市大多都毁坏了或即将坍塌，这说明它们的历史已经很悠久了。现在金星上不存在任何生物，这说明那里的生物已绝迹很久了。"

由于金星表面的环境极差，因此尚不具备派宇航员到那里实地调查的条件。但是，人类将努力用无人探险飞船去看清楚那些城市的面貌，无论代价多大，都在所不惜。

在 1988 年，苏联宇宙物理学家阿列克

美国水手 10 号金星探测器

塞·普斯卡夫则宣布：金星上也存在"人面石"，这一点与火星表面发现的情况一样。联系到金星上发现的作为特殊标志的垂泪的巨型人面建筑——"人面石"，科学家推测，金星与火星是一对"难兄难弟"，都经历过文明毁灭的悲惨命运。科学家还推测说，800 万年的金星经历过地球现今的演化阶段，应该有智能生物的存在。后来，金星中的大气成分中二氧化碳越来越多，以至于温室效应越来越强烈，进而使得金星表面的水蒸气散失，也最终导致了金星的环境不再适合生物的生存。

迄今为止，人们在月球、金星、火星上都找到了文明活动

的遗迹和疑踪，甚至在距离太阳最近的水星的表面也有一些断壁残垣被发现。地球、月球、火星、金星上都存在金字塔式的建筑。人们将这些联系起来后认为，地球并不是太阳系文明的起点，而极可能是其终点。

倒塌的金星城市中，究竟隐藏着什么秘密呢？那个垂泪的人面塑像到底是否经历了金星文明的毁灭呢？由于这实在令人难以捉摸了，看来只有等待人类未来的实地探测才能查明真相，但愿这一天尽早到来。

金星上的大海

由于金星同地球有相似的自然条件，大小、质量和密度都差不多，同时还有含水汽的大气。所以人们推测，金星上可能有大海，如果有大海的话，就可能有生物存在。20 世纪 70 年代，苏联的"金星号"系列飞船在金星上着陆，一路来的发现推翻了金星上有大海的假说。

尽管如此，但人们并没有死心，到了 20 世纪 80 年代，这一问题又被提了出来。重新提出这一问题的，是美国科学家波拉克·詹姆斯。他认为金星上确实存在过大海，不过后来又消失了。他还分析了大海消失的原因。

第一种可能是太阳光将金星上的水蒸气分解为氢和氧，氢气因重量轻而纷纷背叛了金星。

第二种可能是在金星的早期，它的内部曾散发像一氧化碳那样的还原气体，由于这些气体与水的相互作用，把水分消耗掉了。

第三种可能是由于金星上大量的火山爆发，大海被炽热的岩浆烤干了。

还有一种可能是水源来自金星内部，后来这些水又重新归还原处。

美国密执安大学的科学家多纳休等人在波拉克·詹姆斯的基础上，又提出了新的看法。他们认为，太阳的早年并不像现

在这样光亮和炎热，太阳每秒的辐射热量要比现在少30％，金星的气候也就不像现在这样热了。有了适宜的气候，大海也就应运而生，生物也就有可能在大海里繁衍生息。可后来，太阳异常地热了起来，加上金星一天等于地球117天的缓慢运转，经不起烈日的酷晒，金星上的大海就这样被烤干了。后来，又有人对金星大海提出了不同的看法。美国衣阿华大学的科学家弗兰克认为，金星根本就未曾存在过大海，经金星探测器的探测表明，金星大气是由不断进入大气层的彗星核造成的。而通过对哈雷彗星的探测表明：彗星核的主要成分是冰水。

看来，金星大海问题又成了一个意见不统一的未解之谜。

失踪了的金星卫星

地球的卫星是月球，火星也有两颗卫星火卫一、火卫二。那么，金星有卫星吗？这是一个科学家们探索了许多年的谜题。

1672年，当时最优秀的天文学家之一——卡西尼观测到一个离金星十分近的天体，它会是金星的卫星吗？为了稳妥起见，卡西尼决定先不把他的发现公之于世。但14年后，在1686年，他再次观测到了这个天体，于是他把这一发现写入了自己的日记。据估计这个天体的直径约为金星直径的1/4，并且与金星有相同的相位。

后来，这个天体又被其他几位天文学家观察到：詹姆斯·舒尔特在1740年，安得瑞·玛亚在1759年，拉格朗日在1761年（拉格朗日宣布这颗卫星的运行轨道面与黄道面垂直）都分别看到了它。

在1761年的一年中，它被五位观察者总共观测到18次。在1761年6月6日，斯秋特的观察经历尤其有趣：他看到金星沿着自己的轨道围绕太阳公转，在一侧有一个较小的黑点跟着它一起运行。但在英国切尔西的萨姆尔顿，这位同时看到这一景象的人却没有发现那个黑点。在1764年两个观察者一共8

次观测到这个天体。其他的观察者却没有看到这颗卫星。

当时天文学界存在一个争论，在一些人报告看到这颗卫星的同时，却也有不少人花了很大工夫却仍没有发现它。1766年，维也纳天文台的负责人法兹海勒发表了一篇论文，提出那些自称看到金星卫星的人所看到的不过是视觉幻觉而已——因为金星的光太强烈，从望远镜再到人眼中，就形成了一个较小的叠影。其他人当即发表论文加以反驳，说人们所看到的卫星是真实存在的。

1777年，德国的拉伯特在柏林公布了这颗卫星运行轨道的有关数据：他计算的轨道半径为66.5个金星的半径长，运行周期为11天又3个小时，与黄道的倾斜角为64°。他还预测可在1777年的7月1日当金星通过太阳时看到它。后来证明，拉伯特的计算是有错误的：那颗卫星与金星之间的距离，相当于月球到地球的距离。而金星的质量只比地球小一点，其卫星的运行周期却只为月球绕地球周期的1/3多，这显然是不正确的。

1768年，在哥本哈根的切尔斯·范荷瑞波也曾看到过这颗卫星。当时也有三个观测者，其中包括最伟大的天文学家之一的威廉·赫歇耳等人都没有发现这颗卫星。后来在1875年，德国的斯珂瑞出版了一本有关这颗卫星事件的书。

1884年，英国皇家天文台的前负责人，胡佐提出了另一种假设。在分析各项数据的基础上，他提出所谓的金星的卫星大约每隔2.96年出现在邻近金星的区域。他认为这并不是金星的卫星，而是一颗行星。这颗行星每283天绕太阳运行一周，而与金星每1080天交会一次。胡佐还把它命名为Neith，而它也从此不再具有神秘感了。

1887年，也就是在胡佐解开"金星卫星"之谜三年之后，培根学院发表了一份报告，上面详细报道了历年来每一次观察的调查报告及各种细节。一些观察看到的只是金星附近的恒星。特别是瑞德凯尔的观测被证实是由于接连地把柴欧瑞恩斯·马特瑞和努格密·诺瑞姆误认为是卫星而造成的。至于吉米

绍特是看到了一颗比 8 等星稍暗的恒星。由此，勒威耶和马特瑞的观测便可以解释了。拉伯特的轨道相关数据的计算也可被推翻了，而 1768 年恒瑞·波瓦的观测结果也可归于塞塔图书馆了。

在这篇调查报告出版后，只有一个新观测被公布。巴马德很早就开始观测，却从未看到过 Neith。可在 1892 年的 8 月 13 日，他报告在金星附近发现一颗相当于 7 等星的天体。据他说，在这个方位，没有恒星。

不过，我们仍无法知道他看到的到底是什么，是一颗还未被人们标明的小行星呢，还是一颗短命的新星呢？一切都是未定的！

水星的特征

水星在八大行星中靠太阳最近，中国古代称它为辰星，西方人叫它墨丘利。早在公元前 3000 年的古希腊文明苏美尔时代，人们便发现了水星，古希腊人赋予了它两个名字：当它初现于清晨时称为阿波罗，当它闪烁于夜空时称为赫耳墨斯。不过，古希腊天文学家们知道这两个名字实际上指的是同一颗星星。公元前 5 世纪的希腊哲学家赫拉克利特甚至认为水星与金星并非环绕地球，而是环绕着太阳在运行。

水星质量只有地球的 1/20，是距离太阳最近的行星，也是太阳系最为神秘的天体之一。由于水星个头小，距离太阳又太近，所以在平时，人们很难看到它。水星的表面和月球表面极为相似。水星的大气极为稀薄，其上布满了大大小小的环形山。水星的昼夜温差很大，白天表面温度可达 427℃以上，黑夜最低温度可降到－173℃左右。

水星的半径为 2440 千米，是地球半径的 38.3%，体积是地球的 5.62%，质量是地球的 0.05 倍。水星的外貌如月，内部却与地球相似，也分为壳、幔、核三层。天文学家推测水星的外壳是由硅酸盐构成的，其中心有个比月球还大的铁质

内核。

水星的自转方向与公转方向相同，自转周期为 58.646 日。由于自转周期与公转周期很接近，所以水星上的一昼夜比水星自转一周的时间要长得多。它的一昼夜为地球的 176 天，白天和黑夜各 88 天。

美国信使号水星探测器

水星上没有卫星，因此水星的夜晚非常寂寞，那里没有"月亮"，除了太阳以外，天空中就数金星最亮。

比如，它的内核的特性就一直是个谜。传统的观点认为，由于水星个头太小，因此在长达数十亿年的演化过程中，其内核应已冷却成固体的铁。但约 50 年前，"水手 10 号"探测器掠过水星时却惊奇地发现，水星也存在磁场，虽然其强度只有地球的 1% 左右。要知道，金星是没有磁场的，火星和月球虽然曾经存在过磁场，但现在都已过了活跃期。

当然，存在磁场并不代表水星的内核就和地球一样是流动的，因为磁场可能的形成机制有很多种。一直到近来，美国康奈尔大学的天文学家才利用直接观测到的数据，证明了水星的内核至少是部分熔化的，或者说是流动的。

要判断内核是否流动，从原理上说并不困难：我们只要让鸡蛋旋转起来，一旦旋转被破坏，就很容易分辨出哪个是生蛋，哪个是熟蛋。同样，科学家们向水星表面发送雷达信号，通过精确测量回声中显示的不规则性斑点，就可以了解其纵向振动的特性——由于水星的形状存在微小的不对称性，因此，在围绕太阳旋转时，会产生极小的扭曲。

研究发现，水星这一振动幅度，是全固体行星模型预测值的 2 倍。最可能的解释，就是水星内核的旋转速度和外壳的速

度不同，即内核是处于流动状态的。如果水星内核真是液态的话，那么，对于理解水星的形成以及演化，将具有十分重要的意义。

要在漫长的进化中保持液态，就要求水星内核材料的熔点必须足够低，即至少含有1‰的硫。但水星距离太阳是如此之近，温度太高；如果它一开始就位于现在的位置，那么在形成太阳系的原始星云中，硫根本就无法凝聚。这就意味着，水星很可能是由大量在不同轨道上围绕太阳运行的小行星体共同形成的。

或许，在不久的将来我们能够发现这个神秘行星的更多秘密。

水星上的冰山

一提到水星的名字，人们脑海里总会产生这样的联想：水星上面有水吗？水星和水有何关联呢？早在古代，日、月和五大行星就能被肉眼观测到。它们在天空移动而且明亮，能发出连续不断的光，而那些遥远的星星，看来位置稳定，闪闪烁烁。我们的祖先，就给了日、月、五大行星以特殊的位置，想象它们是主宰物质世界的化身或是天神的住地。在西方，古罗马人看到水星绕太阳公转一周的时间最少，运行得最快，所以把希腊神话中一个跑得最快的信使"墨丘利"的名字给了水星。

在中国，古时盛行用阴阳五行说，把宇宙简化成阴阳两大系统，揭示自然万物的构成变化，"阴阳者，天地之道也"。为反映阴阳两大系统的动态变化，又引申出金、木、水、火、土五行的相生相克、互相承接或制约，"阳变阴合，而生水、火、木、金、土"。宇宙万物是统一的，天、地、人也是三位一体。总之，任何事物的构成变化都可以用阴阳五行说来解释。在天，就为日月星；在地，就为珠玉金；在人，就为耳目口。于是，日月的名字分别又叫太阳、太阴，五大行星又可以用五行

来表示，就有了现在的水星、金星、火星、木星、土星的名称。它反映了中华文明特有的智慧和思维方式，是中国元素的一部分。五行星的名字，可以反映当时的观点，流传到现在，成为人们习惯的称呼。

看来，水星的得名同水不是一回事。

从现代天文观测上看，水星上有水吗？"水手1号"对水星天气的观测表明，水星最高温427℃，最低－173℃，水星表面没有任何液体水存在的痕迹。就算是我们给水星送去水，水星表面的高温也会使液体和气体分子的运动速度加快，足以逃出水星的引力场。也就是说，要不了多久，水和蒸汽会全部跑到宇宙空间，逃得无影无踪了。

水星大气中有水蒸气吗？水星上的大气非常稀薄，大气压力不到地球大气压力的一百万亿分之一，水星大气主要成分是氮、氢、氧、碳等。水星质量小，本身吸引力不能把大气保留住，大气会不断地向太空中飞逸。现在水星的稀薄大气可能靠了太阳不断地抛射太阳风来补充。从成分上，两者也有相似性，太阳风的大部分成分就是氢、氮的原子核和电子。从水星光谱分析来看，水星有点大气，但大气中没有水。这已是公认的事实了。

然而，宇宙的奥妙无穷，常会有人们意想不到的事发生。表面没有液体水，没有水蒸气的水星，却为人们"发现了冰山"。1991年8月，水星飞至离太阳最近点，美国天文学家用27个雷达天线的巨型天文望远镜在新墨西哥州对水星进行观测，得出了破天荒的结论——水星表面的阴影处，存在着以冰山形式出现的水。冰山直径15～60千米，多达20处，最大的可达到130千米，都是在太阳从未照射到的火山口内和山谷之中的阴暗处，那里的温度在－170℃。它们都位于极地，那里通常在－100℃，隐藏着30亿年前生成的冰山。由于水星表面的真空状态，冰山每10亿年才融化8米左右。

天文学家是这样解释水星冰山形成的：水星形成时，内核先凝固并发生剧烈的抖动，水星表面形成褶皱——高山，同时

火山爆发频繁，陨星和彗星又多次相冲击，水星表面坑坑洼洼。至于水是水星原来就有的，还是后来由陨星和彗星带来的，看法上还有许多分歧。

虽然，水星有水的说法尚待证实，但有水就会有生命。或许，这就是美国科学家们的新发现之所以引起学术界浓厚兴趣的最重要原因吧。

冰 山

怪异的水星自转周期

1889 年，意大利天文学家夏帕雷利经过对水星多年观测后宣布：水星的自转周期等于它的公转周期，均为 88 天；因此，它的一面总是朝着太阳（类似月球那样总以一面朝着地球），另一面则永远背向太阳。长期以来，人们对水星这种运动深信不疑。

1965 年，美国天文学家戈登·佩廷吉尔和罗·戴斯，借助于世界上迄今最大的射电望远镜——位于波多黎各的阿雷西博天文台，成功地观测到了水星的自转。

这架巨型射电天文望远镜，其抛物面天线直径为 305 米，是在波多黎各的一个死火山喷口加以修整的基础上设置的。佩廷吉尔和戴斯用无线电波测量了水星两个边缘反射波间的频率差，得出水星的自转周期是 58.646 天，正好是公转周期的 2/3。他们的观测结果被以后的光学观测以及美国 20 世纪 60 年代发射的"水手 10 号"的探测结果所证明。从此，彻底推翻了水星自转周期为 88 天的观点。

科学家们认为，水星的自转速度原来可能很高，由于太阳

潮汐力的作用，其自转速度才逐渐减慢至目前的状况，水星自转周期约为 59 天可以揭示出这样一个事实：水星从近日点出发，绕太阳公转一周（88 天）又回到近 13 点这段时间，水星本身正好自转了一圈半，换了一个面朝着太阳。也就是说，水星在绕日运行 2 圈时，它自转了 3 圈。两种周期的比例为 2：3。这种现象，在天体力学上称为自转—公转耦合现象。这种行星动力学演化的结果，为研究太阳系起源和演化提供了一个依据。

新的观测表明，水星是有昼夜交替现象的。耐人寻味的是，水星上的一"天"（称为一个水星天）却长达 176 "地球天"，即 4224 小时。水星自转一周并不等于一昼夜。上述 2：3 的两种周期比例关系，决定了水星 88 天白昼和 88 天黑夜的交替更迭。也就是说，水星自转三周才完成一次昼夜循环。通过天文望远镜的观测，人们还可以看到水星有类似月相的变化。

水星的直径为 4878 千米，质量为 3.33×10^{23} 克，是地球质量的 5.58%，平均密度为 5.43 克/厘米^3，比地球的平均密度略小，而大于其他行星的平均密度。在过去很长一段时间里，人们认为水星是太阳系最小的行星。

第六章　探秘土星和木星

飞向木星和土星

美国的"先驱者10号"于1973年12月4日首次掠过木星，并将木星和木卫的照片传回到了地球。最后，它在1983年越过海王星轨道后成为飞出太阳系的第一个人造天体。接着"先驱者11号"、"旅行者1号"、"旅行者2号"也相继飞越木星和木卫。

为了与外星人"交流"联系，"先驱者"10号、11号分别携带了一块相同的镀金铝板，上面刻有人类男女的裸像，以及太阳与九大行星（包括冥王星）位置的示意图，同时说明了它是来自太阳系的第三颗行星。"旅行者"1号和2号探测器，则分别带有一套"地球之声"的光盘，唱片上包括照片、60种语言的问候语以及地球上的35种声音和音乐，包括了中国长城和中国人家宴的照片，粤语、厦门话和客家话的问候，还有中国的古曲《流水》。希望有朝一日"外星人"能收到这些作为地球的名片。

从"旅行者"号拍摄的木星黑夜半球的图像上可以看到木星上有极光。有趣的是，木卫一上有一座正在喷发的火山，喷发速度是每秒几百米到1千米，高度达到30千米。"旅行者"飞船还发现了土星有射电辐射，频率在3千赫到1.2兆赫之间。1986年1月，"旅行者2号"飞船又测出天王星的自转轴和磁轴之间有很大的交角。飞船还拍摄了天王星卫星的照片，

随后它又探访了海王星，并发回了照片。

"伽利略"号的任务是观测木星系统。向木星云层释放了一个探测器，这个探测器依靠降落伞进入木星大气。"伽利略"号还观测到了木星的大红斑，在它没被巨大的木星大气压力摧毁

土 星

时就已经向地球发送了许多宝贵的资料。"伽利略"号对木卫二和木卫四的观测结果还显示这两个木星卫星的表面之下可能有液态水海洋。有液态水存在就意味着有生命生存的可能，这无疑是一个鼓舞人心的发现。

1997年10月15日，美国发射了"卡西尼"号飞船，它是第一艘使用核动力电池的飞船。"卡西尼"号的主要任务是探测土星系统，并将向土星最大、最神秘的卫星——土卫六释放出一个名为"惠更斯"的探测器。土卫六星球处于浓厚的大气包裹之中，其环境类似于早期的地球，使用一般观测手段要看清它的表面就比较困难。2004年7月，"卡西尼"号抵达土星系，向地球发回各种发现。

此外美国宇航局还列出了更多的行星探测计划，以便尽可

正在围绕土星行进的土卫六

能地了解我们生存的太阳系。其中包括向木卫二发射一个探测器，以便探测隐藏在冰层下的巨大液态水海洋。如果技术能够达到，有可能向木卫二表面释放一个水下探测器，找寻可能存在的地外生命。

甲烷迷雾引发的土卫六生命猜想

太阳系里的所有行星，除了地球之外，火星可说是公认为最有孕育生命潜力的了，可能现在有生命存在，也可能是曾经有过生命，但现在都没能找到足够的证据。

另一个经常被列入讨论、被认为可能有外星生物存在的，则是土星的最大卫星——土卫六（Titan）。刚生成的土卫六，曾经有利于生命前驱分子形成的环境，有些科学家相信土卫六上曾经有过生命，甚至可能现在就正有生命存在着。

使这些可能性更加引人关注的是，天文学家研究这个天体时，都侦测到一种经常伴随生命出现、与生命息息相关的气体——甲烷。例如火星上的甲烷量虽不多，但很显著；而土卫六则几乎为甲烷所覆盖。

在木星、土星、天王星与海王星这些巨行星上，甲烷的含量都很高，这是原始太阳星云经化学作用后的产物。不过在地球的大气中，甲烷却属于特殊气体，含量只有1750ppbv，其中有90％～95％是来自生物。草食性的有蹄动物如牛、羊和牦牛等，排出的甲烷占全球甲烷年排放量的1/5；这些气体是来自它们肠子里细菌作用后的新陈代谢产物。其他重要的来源，包含了白蚁、稻田、沼泽以及天然气（天然气也是古代生命所形成的），还有赤道雨林植物也会释放出甲烷。

在地球上，火山作用所产生的甲烷占总量不到0.2％，而且经由火山作用所排出的，甚至可能是古代有机体所产生的甲烷。相比之下，来自非生命作用的甲烷，例如工业过程所产生的，就不是那么重要了。因此，一旦在其他类似地球的天体上侦测到甲烷，自然也就提高了该天体有生命存在的可能性。

甲烷来自生物的可能性，不亚于来自地质活动的可能性，就算在土卫六上不是，至少在火星上是如此。这两种可能性以不同的方式解释甲烷的出现，而且都相当合理，这一发现显示我们在宇宙中或许没有那么孤单，不然就是在火星与土卫六的地底下，都有大量的液态水，并且伴随着出乎意料的

太阳光散射 土卫六外侧形成一个光环

地球化学活动。如果能够了解这些天体上甲烷的来源与命运，将可以得到至关重要的线索，使我们得以更了解太阳系内甚至太阳系外那些类似地球的天体，包含其形成过程、演化和生命存在的可能性。

虽然天文学家早在 1944 年就已经侦测到土卫六上的甲烷，不过这只是当时发现氮的附加发现。到了 1980 年，氮的发现引起各界对这个寒冷且遥远卫星的广泛兴趣。氮是氨基酸与核酸等生物分子的关键成分，所以大气中含有氮和甲烷，加上地面气压是地球大气压力的 1.5 倍，可能正提供了生命前驱分子所需的要素，有些人推测，这里甚至可能已经有生命形成。

要维持土卫六厚重且充满氮的大气，甲烷扮演着具控制性的中心角色。甲烷是碳氢化合物霾的来源，它吸收了太阳的红外线辐射，并且使平流层增温将近 100℃，在对流层内，则是氢分子的碰撞使对流层升温 20℃。如果土卫六大气中的甲烷用尽，温度会下降，氮气就会凝结形成液态的雨，大气也因而瓦解，土卫六的特性将会永久改变，它的烟雾和云会消散。看似一直在雕刻着地表的甲烷雨会停止，湖泊、水坑与河流将会干涸。而且，因为掀去了覆盖的面纱，土卫六荒凉的地表将得以

赤裸裸地呈现，在地球上人们可以用望远镜直接看清楚，那么，土卫六将不再具有神秘感，并且成为有着薄薄大气的一颗普通的卫星。

土卫六上的甲烷，是像地球一样来自生命？抑或是有其他的解释，例如火山、彗星与陨石的撞击？若把地球物理、化学与生物作用的相关知识应用在火星上，有助于缩小可能的来源范围，而许多相同的论点应用在土卫六上也相当吻合。

在土卫六上，太阳的紫外线辐射弱得多，而且含氧分子的数量也稀少许多，因此甲烷生命期可以长达 1000 万～1 亿年（在地质时间尺度来讲仍然算短）。

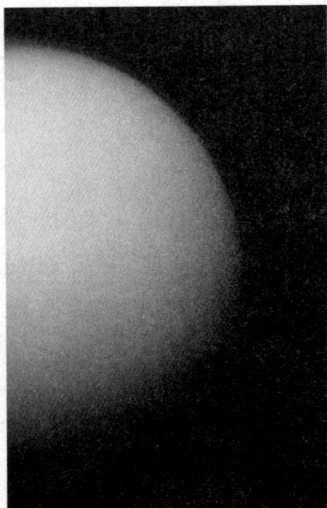

土卫六的南极漩涡

美丽无比的行星——土星

按离太阳由近及远的次序排第六颗的行星是土星，但土星的体积和质量在八大行星中位列第二位，仅次于木星。在很多方面它和木星都特别相似，也是一颗"巨行星"。从望远镜里看去，土星好像一顶漂亮的"遮阳帽"在茫茫宇宙中飘行着。星体的形状如同一个橘子，透着淡淡的黄色，绚烂多姿的彩云在四周飘浮，腰部缠绕着光彩耀眼的光环，可以说是太阳系中最美丽的行星了。

古时候，中国古人称土星为"镇星"或"填星"，而西方则称它为"枣洛诺斯"。无论是在东方还是在西方，都把这颗星与人类的农业紧密地联系在一起。

土星的形状呈扁球形，它的赤道直径有 12 万千米，是地球的 9.5 倍，两极半径与赤道半径之比为 0.912，赤道半径与

两极半径相差的部分几乎与地球半径相同。土星质量是地球的95.18倍，体积是地球的730倍。虽然体积庞大，但密度却非常小，每立方厘米只有0.7克。

土星内部与木星相似，有一个岩石构成的核心。核的外面是冰层和壳层，冰层的厚度达5000千米，金属氢的厚度达8000千米，最外面被多姿多彩的云带包围着。土星的大气运动比较平静，表面温度很低，约为－140℃。

土星斜着身子绕太阳公转，平均速度为9.64千米/秒，其轨道半径约为14亿千米。公转速度较慢，绕太阳一周需29.5年，但它的自转速度很快，赤道上的自转周期为10小时14分钟。

土星的美丽光环是由无数个小块物体组成的，它们在土星赤道面上绕土星旋转。太阳系中土星还是拥有卫星数目最多的一颗行星，土星周围有许多大小不一的卫星紧紧围绕着它旋转，就像一个小家族。到目前为止，人们已经发现了23颗。土星卫星的形态各种各样，花样繁多，使天文学家们对它们产生了浓厚的兴趣。在目前发现的太阳系卫星中，最著名的"土卫六"是唯一有大气存在的天体。

八星之王——木星

在太阳系八大行星中，木星是最大的一颗，可称得上是"八星之王"了。按距离太阳由近及远的次序排第五颗。在天文学上，像木星这类巨大的行星被称为"巨行星"。在远远的天空中木星闪烁着亮光，其亮度仅次于金星，就连恒星天狼星也难以与之相比。

在我国古代，木星曾被人们用来定岁纪年，由此有了"岁星"之称。西方天文学家称木星为"朱庇特"，朱庇特是罗马神话中的众神之王，相当于希腊神话中众神之神的宙斯。

木星的球体呈扁球形，它的赤道直径约为142800千米，为地球的11.2倍；体积则是地球的1316倍；而它的质量很大，

是地球质量的 318 倍，是太阳系所有行星、卫星、小行星和流星体质量总和的 1.5 倍。也就是说，如果把地球和木星放在一起，它们之间体积大小相差悬殊，就如同一粒芝麻与西瓜相比较一样。但木星的密度很低，平均密度仅为 1.33 克/立方厘米。

木星大气的成分和太阳差不多，中心的温度高达 30000℃。木星上还有很强的磁场，表面的磁场强度大约是地球磁场的 10 倍。木星的内部结构却非常独特，是由铁和硅组成的固体核，称为木星核。它的外壳是由液态氢组成的海洋，在浓密的大气之下没有固态的外表。

木星自转速度非常快，是太阳系中自转最快的行星，赤道部分的自转周期为 9 小时 50 分 30 秒，它的自转轴几乎与轨道面相垂直。由于自转很快的缘故，星体的扁率相当大。借助望远镜，人们就能发现木星呈扁圆状。木星以 13 千米/秒的速度在一个椭圆轨道上围绕着太阳公转，轨道的半长径约为 5.2 天文单位。它绕太阳公转一周的时间约需 11.86 年，所以木星的一年大约相当于地球的 12 年。

在太阳系中，木星是卫星数量较多的一颗行星。截止到现在，我们已经发现木星有 16 颗卫星，它们与木星组成了一个木星系家族。

木星是地球的保护神

在许多宗教人士看来，地球上生命的存在毫无疑问应当归功于神的慷慨和仁慈。但实际上，我们或许更应该直接感谢太阳系中的第五颗行星——木星。现在，许多天文学家相信，木星在使地球成为生命家园的过程中扮演了极其重要的角色。

长久以来，天文学家一直在争论这样一个问题：要成为一个人类和生物"可居住"的星球，究竟需要具备哪些条件？众所周知，对生命而言，水是首先必备的条件。这意味着行星必须具有合适的温度，也就是说，距离恒星的位置既不能过远也

不能太近。在我们身处的太阳系，"可居住"的地带分布在从地球轨道向内延伸至金星，向外延伸至火星这一个广阔的区域。如果要使生命延续，行星的环境条件还必须在长时间内保持稳定。就是说，行星的运行轨道必须基本上为圆形，如此才可以终年保持行星与恒星之间的距离相同。此外，行星还不能遭遇来自其他天体的剧烈碰撞，因为这种碰撞会影响行星的气候运转，并杀灭行星上的生物体。现在，许多天文学家相信，在使地球成为生命家园的过程中，木星扮演了一个极其重要的角色。

凝望夜空，木星只是仅有针眼般大小的一个亮点，很难让人相信，它对地球的影响会如此之大。毕竟，这颗行星距离地球 6.28 亿千米，是地球与太阳之间距离的 4 倍。但许多天文学家认为，人类应当将自身的存在归功于这个由氢和氦组成的"气球"。在把水送到地球和把小行星及彗星对地球的破坏性撞击减轻至最低程度方面，木星是功不可没的。它的强大引力将诸如彗星这样的太空碎片清除得干干净净，为生命在地球上的演化创造了一个安全的环境。

综观太阳系的历史，木星曾经扰乱了无数天体的运行轨道。由于木星的质量是地球的 318 倍，所以木星会对环绕它运行的天体产生巨大的引力。1994 年 3 月，舒马克—利维 9 号彗星被木星的引力所牵引，从而偏离轨道进入木星的大气层，最终同木

"伽利略"号木星探测器

星发生了一连串猛烈的大碰撞，撞击升起的乌云有如地球般大

小，释放的能量相当于每秒钟爆炸一颗广岛原子弹。巨大的爆炸力将彗星撕成了碎片，这些碎片在太空中绵延数百万千米。这颗彗星最后在木星大气层中留下了半个地球大小的痕迹，直至一年之后才渐渐消失。

当时，很多天文学家和天文爱好者观察到了这壮观的一幕。长久以来，木星吸引其他天体靠近自己，结果却是将这些天体朝太阳所在的方向抛去，使它们就此毁灭，这种抛射同航天科学家利用行星引力将宇宙飞船弹向前往目的地星球的快捷轨道有点相似。不仅如此，木星还会把一些天体弹出太阳系。木星就像一个太空交通警察一样，指挥着那些四处乱飞的太空碎片。天文学家认为，木星至少为地球做了两件好事：当地球需要时，它将天体送入地球轨道；而一旦这些天体威胁到地球的安全时，则将它们清除干净。

木星对地球的功勋故事开始于将近50亿年前的早期太阳系。随着太阳系星云中的气体、尘埃和冰粒围绕着初期的太阳不停地旋转，这些微粒逐渐堆积结合，慢慢增大，形成由岩石和冰组成的大球体，最终这些大球体变成行星。天体之间的碰撞时有发生，太阳系因此充满了各种各样的碎片。在地球刚刚形成后的最初5亿年中，无数大大小小的冰块和岩石频繁地撞向地球。天文学家把这一时期形象地称为"轰炸年代"。

许多天体之所以没能撞向地球，完全是拜木星所赐。木星的巨大引力扰乱了地球远方的彗星和附近小行星的运行轨道。在木星和现在的火星之间那片挤满了小行星的区域，"木星忙碌得就像是锅里不停搅动的汤勺"，美国亚利桑那大学的天文学家乔纳森·卢恩说。

木星是如此繁忙，对人类来说却很可能是一件幸运的事——许多天体因此将水分带到了早期干涸的地球。因为当时的地球仍然非常炽热，地球本土的水分被蒸发得无影无踪。从遥远的外层空间飞来的天体把大量的水（水在这些天体上以冰的形态存在）带到了地球。正是天体对地球的猛烈撞击，才使得地球表面形成了海洋，因为撞击产生的极高热量使地球大气

温度急剧升高，整个大气层有如一间巨大的桑拿浴室。水蒸气逐渐冷却后凝结成雨，回到地球表面。卢恩和他的同事们用电脑对这一过程进行模拟，结果表明，如果没有木星，地球上就不可能有足够的水来填满地球的海洋。

电脑模拟还表明，那些曾经存在于火星和木星之间那条小行星带里的巨大的"超级小行星"，就是地球之水的主要源头。有证据显示，地球海洋里所含氢的同位素比例和来自小行星带的陨星是一样的，而来自太阳系外围的天体所含氢的同位素比例却和地球大不相同。

不过，这种经常性的撞击对于一个人类和其他生命可居住的行星来说，却是承受不起的。不少科学家相信，正是 6500 万年前的一次彗星撞地球使恐龙灭绝了。地球早期大部分物种的灭绝可能也是由于天体大冲撞所致。从太阳系的早期开始，忙碌的木星一方面随心所欲地把靠近自己的一些天体拖向地球，一方面又把另一些天体抛出太阳系，从而有效地清除了太阳系中绝大部分的太空碎片。

"轰炸年代"渐渐平息之后，从大约 40 亿年前开始，地球和其他行星一直处于相对安宁的环境中。据估计，像直径达到 10 千米的天体撞击地球，并使恐龙灭绝的重大灾难事件，如今每 1 亿年才可能发生 1 次。据天文学家乔治·韦斯里的计算，如果没有木星，地球遭到其他天体撞击的频率将是现在的 1 万倍。也就是说，每 1 万年我们就要遭受一次足以让恐龙灭绝那样严重的撞击。在这种情况下，地球上顽强的微生物或许还能幸免于难，但是像哺乳动物一样庞大而复杂的生物体却难以存活。

可以想象，如果没有木星，整个太阳系大概会是另一番模样。首先，太阳系中将会增加至少一颗行星，因为在木星和火星之间的小行星将会相互结合，而不是像现在一样被木星的引力驱散；火星的体积大概会比现在要大得多；太阳系中可能出现三个适宜生命生存的行星，而不是像现在只有地球这 1 个；因为有了强大的引力，火星也可能拥有大气层，而不是像现在

这样没有什么大气层；更大的火星内核会产生更强大的磁场，从而保护火星表面不像现在这样受宇宙射线的伤害；更大的质量还能产生足够的内热，驱动板块构造的进行，从而有助于稳定行星的气候和生成各种不同的地形；这颗假想的行星甚至可以长大到足以支持生命的成长。所以有利就有弊：当木星对地球上的生命起着促进作用的同时，却阻碍了生命在其他行星上的成长。

天文学家说，如果木星距离太阳的位置比现在更近或更远，所带来的后果都将非常可怕。如果木星距离太阳更近，将会使地球偏离轨道，可能朝着太阳的方向飞去，或者跑出太阳系；如果木星位于小行星带的中央，则可能会迅速驱散小行星，使它们的水分过早到达地球，而当时仍然非常炽热的地球会很快将水分蒸发掉；如果木星距离太阳更远，它对小行星带就不会产生多大影响，甚至可能允许在小行星带里形成新的行星，但同时它还可能从更遥远的地方引来彗星，从而给其他行星尤其是新的小行星带星球提供水分。

木星形成的速度同样具有深远的意义。如果木星变得像现在这么大，但所用的时间比实际少得多，那么它对其他行星所产生的影响会开始得更早，而且更富有戏剧性。传统理论认为，木星是在长达 1000 万年的时间内形成的，首先形成一个岩质的内核，然后逐渐长大到地球质量的 10～15 倍，接着吸引气体使体积增大到现在的大小。

但是在 1997 年，行星科学家阿伦·波士提出了不同看法。他认为，木星是由太阳系星云气体中的不规则物质直接聚合而成的，其形成过程仅仅耗时几百年即可完成。如果像木星和土星一样的气态大行星果真是在如此短时间里形成的，那么它们就应该对像地球那样的邻居产生更大的影响。最后，木星轨道的形状也至关重要。幸运的是，它大致是一个圆形。如果一颗庞大行星的轨道呈椭圆或其他非正圆形状，就必然会扰乱其他行星的运行轨道，甚至打乱整个星系。这些行星或许最终能在非正圆轨道中达到平衡，但也有可能最终被抛出太阳系。对地

球来说，哪怕运行轨道只比现在的轨道偏离一点点，地球上的生命都将遭遇到难以想象的酷暑和严冬。

"地球上之所以能够有生命存在，全有赖于木星处在合适的位置，并且在合适的时间发挥了恰到好处的作用。这一事实表明，要想在宇宙的其他地方找到生命并非易事，因为像木星这样的'生命施主'可能在其他星系中非常罕见。"这种观点发表在《珍贵的地球》一书中，作者是华盛顿大学的古生物学家彼得·沃德和天文学家唐纳德·布朗宁。

他们认为，在宇宙中可能到处都可以发现微生物的踪迹，但是更复杂的生物，特别是有智慧的生物却极少存在。布朗宁说："大概所有的行星系统都存在生命，也许在我们身处的太阳系中，甚至就有多达六七颗星球存在或者曾经存在生命。当然我指的是微生物而非动植物。"即便是在地球这样一个看上去对生命极为友好的地方，也花了长达近40多亿年的时间，才出现了能够用肉眼看得到的生物。

要使一颗行星能够成为复杂生物的栖息地，沃德和布朗宁列出了许多条件：同恒星保持合适的距离；要有适当的质量；必须为板块地质构造；有卫星；自转轴具有适当的倾斜度；大气物质的化学组成必须适当；该行星所处的恒星系统必须位于整个星系中最适宜生命存在的位置。其中，存在像木星那样的"生命施主"也是最为重要的条件之一。

当然，并不是所有的天文学家都同意这样的观点。美国夏威夷大学的多比亚斯·欧文就认为下这样的结论为时过早，特别是在对星系的探索飞跃发展的今天。"从太阳系推断到外层空间应该慎之又慎。"他说，"仅凭个别例子就妄下论断是武断的，我们应该学会保持谦逊的态度。这就是为什么寻找并研究太阳系外的星系会如此地重要。"

寻找太阳系以外的行星系统，正是天文学家们现在正在进行的工作。随着观测技术的发展，例如哈勃太空望远镜的问世，如今科学家们已经发现了超过70颗太阳系外的行星，而且肯定还会有更多这样的行星将被发现。在这场寻找行星的革

命当中，每个人都想知道，究竟能不能够找到像地球一样有生命存在的行星？由于太阳系以外的空间是如此浩瀚广大，为了让这种寻找更加卓有成效，许多人建议集中观测那些其中存在像木星那样的大行星的恒星系统。

然而直到近年来，寻找地外生命的前景仍不令人乐观。科学家们仅仅发现了一些"坏木星"——体积庞大，转速高得可怕。不过，迄今为止所找到的太阳系外的行星或许并不能代表外层空间的真实面目，因为目前我们所运用的方法只能找到那些轨道为非正圆的大行星和轨道长度较短的行星。

有人预言，要想知道木星在宇宙中究竟是普普通通还是独一无二，只是一个时间问题。事实上，就在 2002 年 8 月，在大熊星座北斗七星的下方，人们已经发现了第一颗"好木星"。

或许，随着时间的推移，人类发现外星生命的日子不会太远了。

第七章　探秘海王星和天王星

旅行者 2 号

　　在行星的探测中，较著名的是美国的"大行星计划"。此外，选择合适的时间，向几个大行星发射宇宙探测器，在经过大行导的轨道附近时，就近观察行星及其卫星，这就是"旅行者"的计划。

　　美国于 1977 年 8 月 20 日发射了"旅行者 2 号"探测器（因为是无法到达木星附近的 1 号失效后的再次发射），在经过两年的飞行，于 1979 年 7 月 8 日飞过木星附近，然后向土星飞去。于 1981 年 8 月 27 日经过土星附近，发回了近 1.8 万张清晰的彩色土星照片。"旅行者 2 号"于 1986 年 1 月飞过天王星附近，它距离天卫五只有 2.9 万千米，因此拍下了天卫五的 8 张拼接照片，相当清晰。又经过两年多的飞行，"旅行者 2 号"于 1989 年 8 月 24 日飞过海王星，发现了海王星的 6 颗新卫星，以及海王星的 3 个环（因此，海王星共有 5 条环），同时探测了海卫一的表面与大气。

土星的影子

179

然后"旅行者2号"飞出太阳系，进入恒星际空间。现在它正朝着天狼星方向飞去，但是，它携带的能源是有限的，估计只可以用到 2015 年左右，在能源耗尽后，它就会同人类失去电讯联系。

"旅行者1号"于 1977 年 9 月 5 日发射，用更快的速度飞行，于 1979 年 3 月 5 日比"旅行者2号"先到达木星附近，后来于 1980 年 11 月 13 日飞过土星，同样有许多新发现。

科学家们认为，"旅行者"计划是人类从事的最伟大的空间探测使命。

海王星的光环

从望远镜中观察，位于太阳系边缘有一颗遥远而巨大的行星，它的直径是地球的 3.88 倍，质量为地球的 17.22 倍，它就是海王星。

1989 年 8 月 24 日 11 时 56 分，美国发射的"旅行者2号"太空探测器，历经 12 年的飞行、行程 72 亿千米之后，按期抵达距离海王星 4827 千米的最近点，对这颗淡绿色的行星进行了迄今为止最近距离的探测，这一活动使人类对海王星又有了新的发现。

过去，人们一直以为海王星只有 2 颗逆方向运行的卫星，"旅行者2号"发回的遥测数据和大量的照片告诉人类，海王星还有 6 颗卫星。在海王星的上空有一条

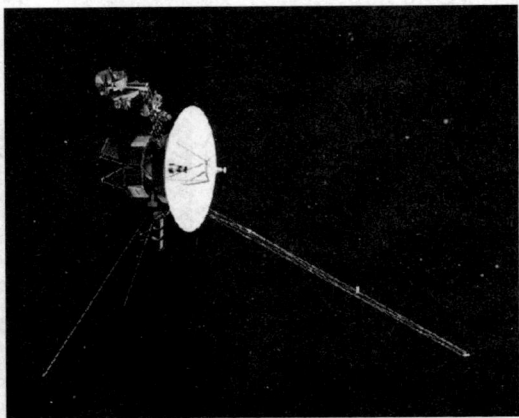

"旅行者2号"飞船

4300千米宽的巨型黑色的风云带和巨大的黑斑。海王星的大气层里含有由冰冻天然气构成的白云和一股面积大如地球的巨大气旋，紧跟气旋之后的是一长串的风暴。海王星四周有一个磁场，也有像地球北极光一样的极光。

"旅行者2号"还发现了围绕海王星的3条光环，到目前为止，已发现海王星有5条光环。更有趣的是，海王星的光环并不像人类在地球上观察的那样断断续续，像一段段的弧形环，这是由于环的反光不均匀造成的，实际上都是完整的全环。

淡蓝色的海王星

海王星是八大行星中的远日行星之一，按照与太阳的平均距离由近及远排列，它是第八颗行星。海王星的亮度仅为7.85等，必须通过天文望远镜才能观测到它。由于它那荧荧的淡蓝色光，西方人用罗马神话中的海神——"尼普顿"的名字来命名它。在中文里，我们把它译为海王星。

海王星呈扁球形，赤道半径为24750千米，是地球赤道半径的3.88倍。它的体积是地球体积的57倍，质量是地球质量的17.22倍，平均密度为1.66克/厘米^3。海王星在太阳系中，是第三大行星，仅次于木星和土星。现在认为，海王星内部有一个质量和地核差不多的核。星核由岩石构成，温度为2000℃～3000℃，在核的外面是质量较大的冰包层，再往外是密实的大气层。海王星的大气中主要含有氢，还有甲烷和氨等气体。在海王星上总是狂风大作、云层翻滚，在大气中有许多湍急紊乱的气旋在滚动。海王星的自转周期大约为22小时，它的赤道面和轨道面的交角是28°48′。海王星绕太阳公转的轨道也几乎等同正圆，轨道面和黄道面的夹角很小，只有1°8′，它公转速度是平均5.43千米/秒，绕太阳一周大约需要164.8年。从1846年人们发现它到现在，它还没走完一个全程呢。

在海王星的四季中，冬季、夏季温差变化不大，没有地球

这么明显。由于海王星离太阳太远（约为 4.5 亿千米，是地球与太阳距离的 30 倍），在它表面每单位面积受到的日光辐射只有地球上的 1/900，日光强度就好似于一个不到 1 米远的 100 瓦灯泡所发出的光照强度，因此它表面一直昏暗，且温度很低，一般都不会超过 −200℃。

到目前为止，已经发现海王星有 8 颗卫星。

天王星

天王星是一颗远日行星，按照离太阳由近及远的次序被排为第七颗。在西方神话中，天王星被称为"乌剌诺斯"，他是第一位统辖整个宇宙的天神，与地母该亚结合，生下了后来的天神。是他使出浑身解数将混沌的宇宙规划得和谐而有序。在中文中，人们就将这个星名译为"天王星"。

天王星的颜色呈蓝绿色，是一个圆球，其表面具有发白的蓝绿色光彩和与赤道不平行的条纹，这大概是由于它自转速度很快而引发的大气流动。天王星的赤道半径约为 25900 千米，体积是地球的 65 倍，质量约为地球的 14.63 倍。天王星的密度较小，平均密度为 1.24 克/厘米³。大气的主要成分是氢、氦和甲烷。

天王星公转水星的轨道是一个椭圆，轨道半径长为 29 亿千米，围绕太阳公转的速度平均为 6.81 千米/秒，自转周期很短，仅为 15.5 小时，而公转一周要花费 84 年。在太阳系中，除天王星外，其他的行星基本上都遵循自转轴与公转轨道面接近垂直的运动，而天王星的自转轴与公转轨道面几乎是平行的，赤道面与公转轨道面的交角达 97°55′，也就是说它绕太阳运动的姿态几乎是躺着的，于是有些人把天王星称作"一个颠倒的行星世界"。

天王星上的昼夜交替和四季变化也十分奇特和复杂，太阳依次照射北极、赤道、南极、赤道。因此，天王星上大部分地区的每一昼和每一夜，都要经过 42 年才能变换一次。太阳照

到哪一极，哪一极就是夏季。从天王星上看，太阳永远挂在空中，总是处于白心昼之中；而背对着太阳的那一极，就被漫长黑夜的所笼罩，陷于寒冷的冬季之中。只有在天王星赤道附近的南北纬8度之间，才有因为自转周期而引起的昼夜变化。

天王星和土星一样，也有绚丽的光环，而且还是一个复杂的环系。它的光环由20条细环组成，每条环颜色都不相同，色彩斑斓，美丽异常。20世纪70年代的这一发现，一改过去的传统认识——土星是太阳系唯一具有光环的行星。天王星有15颗卫星，几乎都在接近天王星的赤道面上，做绕天王星的转动。

怪异的磁场

在20世纪80年代，"旅行者2号"探测器开始对天王星、海王星进行考察，这使得人们有可能将这两个行星的磁场绘制成图。不过，最后的结果却是非常出人意料的。

众所周知，太阳系中的大多数行星都有南极和北极两极磁场。以我们居住的地球为例，其磁极位于极地附近，与地球的南北极存在一个偏角，称为磁偏角，目前二者之间的交角为11.5°。其他许多行星，包括木星、土星和木星的卫星"伽里米德"等都与地球类似。比如木星的磁偏角是10°，与地球相近。

然而，海王星和天王星的磁场与其他行星的情况大相径庭，它们的磁场不是有两个，而是有多个极，而且磁偏角很大，分别是47°和59°。科学家曾提出若干机制来解释这些异常的磁场，但都没能达成共识。

1994年，科学家曾猜想这可能是两个行星的薄外壳循环流动的结果，而这种外壳是由水、甲烷、氨和硫化氢组成的带电流体。2004年3月，美国哈佛大学的天体物理学教授萨宾·斯坦利和杰里米·布洛克哈姆利用一个数学模型检验了这个理论，指出产生磁场的循环层是天王星、海王星的薄外壳，而不像地球那样，是位于接近地球核心的外核。同时，他们还指

出：薄外壳的循环或对流运动实际上是行星产生怪异磁场的原因，因为这是行星中存在流动和运动的部分。

换句话说，磁场是由行星中导电体的复杂流动产生的，这个过程被称为"发电机效应"。

澳大利亚国家大学地磁学专家特德·里雷说，美国科学家的这个研究结果意义非凡，但似乎并不是那么让人惊讶。"值得注意的是，我们生活的地球，它的磁场两极与地球南北两极大致重合，因此我们也希望在别的行星上可以发现类似的情况。"

里雷说："地球外核流体的运动产生了地磁场。虽然我们往往将磁和铁联系在一起，但实际上，任何运动着的带电流体都能产生磁场。对于行星，这首先取决于它是否存在流体以产生'发电机效应'。地球存在外核流体，这两个行星可能不存在流体，也可能存在流体。事实上它们似乎都存在导电性良好的流体，而且还受某种力量驱策而处于运动状态，这也是产生'发电机效应'的必要条件。由于天王星和海王星产生'发电机效应'的部位与地球的不同，所以它们有如此不同的磁场，这就不奇怪了。"

不过，对于其中的运行机制，科学家们还有不少的分歧。从这一点来看，人们要想真正揭开天王星和海王星的怪异磁场之谜，仍然需要进一步的探究。

第八章　太阳系的未解谜案

小行星会撞击地球吗

在整个地球的历史长河中，来自宇宙空间的众多小行星与地球"擦肩而过"，甚至撞击地球的事例也很多，难道我们生活的地球真的是危机四伏吗？

2002 年 1 月 7 日，除了几位知情的天文学家外，恐怕再没有人会觉得这天与往常有什么不同了。然而正是这天，一枚直径 300 米的小行星以 11 万千米/小时的速度与地球"擦肩而过"，确切的时间是北京时间 15 点 37 分。小行星在地球门前掠过并非第一次了，然而这次却令科学家们至今心有余悸，道理非常简单，尽管这枚小行星很久以来一直朝着地球的方向飞速运行，但直到 2001 年 12 月 26 日，即直到小行星驶向地球近地点前的 12 天，它才被美国夏威夷天文台的一台小型天文望远镜所发现。

这枚小行星的编号是 2001YB5。当美国的天文望远镜捕捉到它时，它正朝着地球的方向迅速逼近。当时，看上去它的大小也就与从地球上观测月球表面一块直径 1 米大的岩石相似。刚发现它时，美国天文学家曾异常紧张，因为一枚直径 300 米、可能是以坚硬的岩石组成的小行星一旦以 11 万千米/小时的速度撞击到地球上，其能量至少可以将方圆 150 千米内的所有建筑和自然物夷为平地，甚至对方圆 800 千米以外的地区也会造成不可估量的损失。直到科学家们以最快的速度计算出小

行星的运行轨道后，他们才松了一口气：这枚小行星不会撞上地球，在距离地球 83 万千米时，它将转向为逆地球运转的方向而去。经过事实验证，小行星的运行轨迹与科学家的计算是一样的。83 万千米，从常理上看是个不近的距离，但从天文学上看，在太阳系里，它已经驶进地球的"近郊"。换句话说，以它的运行速度，小行星从其轨道近地点到地球的距离仅有不足 8 个小时的路程！

如果这枚小行星真的撞向地球，那么人类只能听天由命，因为以现在的科学手段，科学家虽然能很快计算出它的运行轨道并预见到它所威胁的具体地区，但却没有能力在 12 天的时间里采取任何有效的预防措施。

2002 年 6 月 14 日，一颗小行星从地球附近飞过，当时它与地球的距离比月亮还近，人类却没任何表示，3 天后才反应过来。虽然这颗小行星只有足球场那么大，但如果它与地球相撞，足以将一座繁华的都市夷为平地。天文学家们 6 月 17 日才发现这位"地球访客"，他们将这颗小行星命名为 2002MN。据估计，它的直径在 45～109 米之间，从地球旁边急驰而过时最近距离为 12 万千米，运行速度为 3.7 万千米/小时，位于美国新墨西哥州的林肯近地小行星研究项目的科学家首先发现了这颗小行星。今天，这颗小行星已经飞到离地球几百万千米以外的地方了。

在人类的记录中，只有一颗小行星比 2002MN 飞得离地球更近，那就是 1994 年的 XMI，当年的 12 月 9 日它离地球的最近距离只有 10.5 万千米。2002MN 是一颗轻量级小行星，它围绕太阳飞行一周需要 894.9 天，一旦撞击地球，只会危及一定的地区，并不会对整个世界构成危害。

英国国家空间中心近地目标信息中心公布的一份新闻稿称："如果 2002MN 撞上地球，它带来的危害会跟 1908 年西伯利亚通古斯卡遇到的撞击差不多，当时 2000 平方千米的森林被铲平。"当年，袭击地球的巨石长 60 米，其威力相当于广岛原子弹爆炸的 600 倍。据科学家猜测，一旦 2002MN 撞击地

球，很可能会在大气层发生爆炸，并产生巨大的冲击波。

但是，地球遭遇小行星或者彗星撞击的可能性非常小，绝大多数宇宙访客都不会像2002MN那样与地球这样亲近。它的这一"亲近"着实让一些科学家震惊，所幸的是，它今后不会再飞得离地球这样近了。它下一次光顾地球会在2061（一说为2052）年，但距离地球会比2002年6月14日时要远得多。现在，天文学家们正在努力测绘大一点的小行星的飞行轨迹，它们的直径超过1千米，一旦撞击地球会完全改变全世界的气候和环境。

但是，人类对轻量级小行星的观测和研究明显不足，科学家们对此十分担心。要知道，科学家们发现行星靠的是它们能够反射太阳光，而轻量级小行星反射的光不强，只有在距离地球十分近的情况下才会受到人类的关注，因此它们的危险性不可忽视。

小行星撞地球

此外，天文望远镜多集中在北半球，南半球成了人类的盲点，一旦小行星飞向那里，人们将毫无防备。

据称，如果小行星一旦进入撞地轨道，不仅人类发射导弹拦截为时已晚，而且紧急疏散居民都来不及。事实上，在整个地球的历史长河中，最令人心悸的就是6500多万年前一颗直径约10千米的小行星以9万千米/小时的速度与地球相撞，撞击点在今天墨西哥的尤卡坦州。世界各国科学家对墨西哥尤卡坦半岛陨石口地区的研究工作有了初步结论，这为陨石坠落和地球随后的演化理论提供了物质依据。在研究中发现了硫酸盐类矿物——石灰石和硬石膏。

专家们认为，这证明了小行星坠落致使地球上50%的动物

灭绝的理论。硬石膏的存在是硫大量集中造成的，硫与碳酸盐结合形成了硫酸，硫酸雨"杀死了"陆地和水中的生命。撞击还引起了小行星大爆炸，发生了多次破坏性严重的强烈地震和其他灾难。爆炸产生的尘埃充斥了整个地球大气层，阻挡了阳光，致使气温骤降，植物枯萎。有科学家认为，正是这次小行星与地球相撞，导致当时主宰地球的恐龙及其他许多大型动物完全灭绝，恐龙和其他许多动植物正是在那时从地球上消失的。

在 20 世纪 70 年代，取自月球的岩石显示，月球的最大峡谷，或者说是盆地，几乎所有的大峡谷都处于相同的年龄。即形成于 38.8 亿年前与 40.5 亿年前的时间。这表明月球和其附近的地球在这一段时间曾受到了巨大岩石奔流不息的撞击。

这为一个具有争议的学说提供了佐证，即在 40 亿年前，少年时代的地球和月球曾被突然出现的巨大宇宙岩石所撞击。就地球来说，这方面的证据已被湮灭在其作为行星的地质活动之历史长河中，并且该地质活动至今仍在持续。

几十年来，科学家们一直奇怪于来自天外的年轻行星是如何咆哮着向地球和月球抛物撞击的。他们猜测，由于外层行星的形成和轨道的转换，使得彗星和小行星轨道偏离，进而向太阳系内层爆撞。科学家们首先比较了月球岩石和小行星的残片，发现它们具有相似的特定元素的浓度。然后，他们检验了在火星和木星之间的小行星带，发现它们就像在小行星乱阵之中的囚徒一样，正在四分五裂。科学家们对已经从小行星带坠落的和大约 40 亿年前碰撞形成的小行星的关键同位素进行配对比较，结果发现其中的一些同位素，其实是从小行星带飞出来的。在南极洲找到的陨石和最初萎衰的火星面貌，显示出在地球和月球被撞击时，它们皆已被部分地熔化。科学家们的研究，支持了有关在月球盆地形成时，整个太阳系内部都在被小行星撞击的学说。

而有些科学家认为，该小行星学说仅仅是个假说，并不一定就是事实。他们认为，月球在被彗星撞击形成盆地之后，在

更小的小行星的撞击中，月球岩石上的微量元素，可能已经发生了沉淀。同时，有些科学家则怀疑，彗星或小行星是否真正与月球发生过撞击。月球的盆地可能永远具有相同的年龄，因为在 40 亿年前，当时仍在形成的月球遭受到了许多的冲击，以至于其表面不能再被修复。而瑞士联邦科技研究所的科学家通过对美国"阿波罗"号宇宙飞船从月球带回的岩石进行研究，发现了月球与地球曾经相撞的最新证据。

目前，科学界有一种月球生成的理论认为，月球最早的时候是和火星一样大的星球，大约在太阳系形成 5000 万年后，也就是地球生成的早期，该星球与地球相撞，并激起大堆大堆的熔岩，其中某些熔岩后来就形成了今天的月球。瑞士科学家们发现，月球岩石里面氧气的同位素比例和地球上的一模一样。另外，科学家通过计算机对碰撞进行模拟，显示月球主要是由"月"星球的材料所构成。为此，瑞士的科学家们断定，月球和地球同位素的比例既然一样，就可以证明"月"星球曾经同地球发生过大碰撞。

难道我们生活的地球真的是危机四伏吗？其实不然，为使研究人员、新闻媒体和广大公众能够准确掌握某星体对地球的实际威胁程度，避免让公众产生不必要的恐慌，1999 年，国际天文联合会在意大利都灵制定并通过了小行星对地球威胁的险级标准，并将此标准命名为"小行星险级都灵标准"。根据国际天文联合会报告，迄今为止，天文学家还没有观测到超过都灵 1 级的小行星，也没有发现在相当长的一段时间内会对地球造成重大威胁的天体。至于刚刚光临过地球"近郊"的 2001YB5，它下次再接近地球的时间是 2061 年，但与地球的距离将是 2700 万千米，即便在更远的未来，它撞上地球的可能性也是微乎其微。从科学上分析，只有直径超过 1 千米的小行星才能对地球带来灾难性的毁灭。天文学家估计，对地球有潜在威胁的这类小行星大约超过 1000 个，但现在已知的只有 300 多个。

目前，美国正全力支持对直径超过 1 千米的小行星进行观

测，预计这一两年，所有对地球存在潜在威胁的小行星都将归档登记并被追踪轨迹。针对小行星对地球的威胁，科学界已经有了许多设想，如向对地球具有威胁的小行星发射核弹，将小行星击碎。

也有专家评论说，这种方法不难实施，但并不理想，因为每个小行星的物质构成不一，科学界尚无法知道核弹的力量是否足以使小行星粉碎成不会对地球造成任何威胁的直径不足 10 米的碎块，如果小行星不能被击成足够小的碎块，被击碎的直径为数百米的大型天体可能会变成众多直径为数 10 米的行星碎块，沿着原来的轨道像行星雨一样降到地球上，这样虽然减少了局部的撞击，但却会使撞击面增多，反而危害更大。

在这种情况下，有专家提出了改变小行星轨道的方法，让它偏离可能与地球相撞的轨道，如在小行星表面放置离子发动机，或借助太阳风，或向小行星周围发射核弹，等等。

但无论是发射核弹击碎小行星，还是使用各种方法让它改变运行轨道，前提条件都是要提早发现，发现得越早，拦截成功的可能越大。但是，依目前的技术能力看，仍然存在着太多不确定的地方。

彗星身上的未解之谜

自 1986 年哈雷彗星回归太阳系以来，人类从地球上发射了 6 个空间探测器对各种彗星进行了一系列的考察：1994 年 7 月 17 日到 7 月 22 日，"苏梅克—列维 9 号"彗星分裂成的 22 块碎片相继和木星相撞，全世界的天文台都把望远镜对准了木星，正在天空中的"伽利略"号探测器和哈勃太空望远镜也忙于收集彗木相撞的照片和磁场变化、射电流量变化等信息。1994 年 8 月 13 日又发现一颗彗星"麦克豪尔 2 号"，人们发现时它正向太阳飞去，10 天后其亮度增强了 10 倍，彗核开始分裂，9 月 15 日已分裂成 5 块……短短十几年时间在全世界天文界掀起了一次又一次的彗星研究热潮。

彗星是太阳系的一位神秘的客人，以其在天空中形成美妙的形状和千姿百态的变化而引起人们极大的兴趣。一个完整的彗星有一个明亮的头，长长的扫帚一样的尾。彗头中央明亮部分的核心是直径几千米到

美丽的彗星

几十千米的固体核，核外四周看上去毛茸茸的模糊亮团为彗发，彗星后部延伸很远的射线状亮线条是彗尾。

目前，人类对彗星仍知之不多。

1. 彗星的来源。彗星不是太阳系固定的成员，它们是从太阳系边缘闯入太阳系的不速之客，可是它们的原籍在何处？有人认为：在太阳系之外有一片名叫奥尔特的星云，这片星云是一个巨大的"彗星仓库"，其中约有1万亿颗彗星。奥尔特星云和太阳的距离约为地球到太阳距离的几万倍。由于内部相互作用的不稳定和恒星吸引等作用，少数彗星会脱离星云，其中一些进入了太阳系，成为太阳系的彗星。也有人认为：彗星是星际空间的气体和尘埃云，它们经过瓦解、凝结成晶体，再聚合成团等过程形成了彗核，太阳系在银河系中运行时把较近的彗星吸引进入太阳系。还有人认为：太阳系形成过程中大量的尘埃、气体积聚形成了行星，一部分则被推到太阳系的边缘，在那里它们又聚合在一起形成了彗核。彗星进入太阳系有十分的偶然性，谁也说不准何时将有新的彗星从何处闯入太阳系。

2. 彗核之谜。彗核是彗星的主体，由固态物质组成。彗核有时会分裂，如"苏梅克—列维9号"彗星和"麦克豪尔2号"都发生了分裂，由此产生了彗核为"碎石堆"的想法：彗核是一堆相互作用力不太大的物质堆聚在一起的，一旦遇到外力作用不平衡，碎块就会分开。另一种猜想是"肮脏冰块"：

彗核就是一大块由冰和尘埃冻在一起的肮脏大冰块。人们在探测哈雷彗星时发现彗星表面有黑色尘埃覆盖。黑色物质吸收约96％的太阳光，形成彗星表面30℃以上的高温。对哈雷彗星的观测结果对"肮脏冰块"理论较为有利，但还不能说所有的彗星普遍都是这样的情况。

3. 彗发之谜。彗核向太阳靠近时，彗核吸收大量太阳能使固态物质升华成气态分子、原子、离子和尘埃，它们在彗核表面形成大气层。它们散射太阳光，自身也吸收太阳光，能发出荧光，形成了发亮的彗头，彗头中核心部分是彗核，在四周发亮的被称作彗发。彗发成分、结构都很复杂，还能形成磁场。形成的磁场犹如一个瓶子，瓶状的中间部分——磁腔磁场很弱，磁场向后延伸很远，其边缘远达数千千米。有人提出用太阳风理论来解释这种现象：太阳日冕中吹出大量带正电荷的质子和带负电荷的电子，高速的太阳风刮到彗星大气层，受到彗星大气层阻碍突然减退，太阳风和彗星大气层相互作用引起激波，带电的粒子都做相当复杂的运动，磁场就是由这些带电粒子的运动形成的。

4. 彗尾之谜。彗尾有两支，一支基本上沿着日彗连线一直向后延伸，它主要由一氧化碳、二氧化碳、水、氨等离子组成。彗尾中的这些离子以极大的加速度向后飞奔，远离彗头。加速度大，则表明它们受到了很大的作用力。人们开始设想这是太阳风中的带电粒子和离子的相互作用产生的，但后来证明这种相互作用产生的加速度没有这么大，因此至今尚未对此做出合理的解释。另一支彗尾相对于尾轴对称产生，然后，一边伸长一边向尾轴靠拢，最终合并到彗尾上去。解释这一支彗尾成因的主要观点还是太阳风。和太阳风相互作用而飞离彗头的离子在太阳风形成的磁场中一边前进，一边旋转，像一把边旋转边收拢的折伞。彗尾并不一定是规则的，它们会弯曲，方向突变，成螺旋状，会凝集、扭曲……这些现象现今也无完善的理论可以说明。

5. 彗星归宿之谜。闯进太阳系的不速之客有的拜访一次

后，离开太阳系就杳无音信、一去不回；有的则定期回访，如哈雷彗星约76年回归一次；有的在第一次拜访中就瓦解了，如"苏梅克—列维9号"彗星。彗星的最后归宿如何？多数人认为：由于彗星靠近太阳时蒸发掉不少物质，

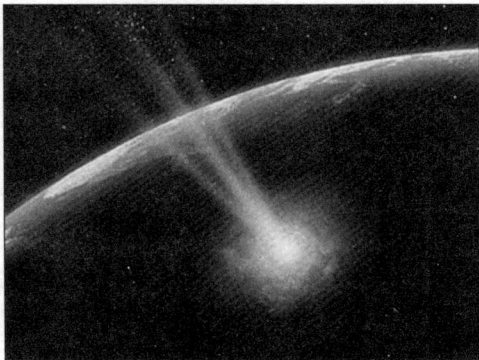

彗星撞地球

除一次拜访就已瓦解的彗星外，凡定期回归的彗星最终均将瓦解。如哈雷彗星，离太阳较近时每秒要损失40～50吨物质，彗核总质量约1000亿吨，每运行一周要损失约2亿吨物质，至多再运行几十周就会瓦解了。

哈雷彗星

在天文学界，哈雷彗星是非常有名的一个彗星。因为它的76年周期是英国天文学家哈雷发现的，故将其命名为哈雷彗星。哈雷彗星于1682年、1758年、1834年、1910年和1986年都出现过。这在天文资料上都有记载，而且还曾都准期地出现过彗星蛋事件。

然而，对哈雷彗星的更多神奇特性，天文界还在研究中。在几次回归太阳系的期间，更为神奇的现象又被人们所发现，哈雷彗星的亮度能猛增，令人惊奇和不解。是什么原因能使彗星产生亮度喷发现象呢？对此，中国科学家曾撰文进行过报道和引证了外国专家分析。文章中说：1991年2月12日，欧洲南方天文台发现，哈雷彗星的亮度突然猛增300倍，从25星等增亮到19星等，并冒出一团很大的彗发。当时它位于土星与天王星轨道之间，这是首次观测到离太阳那么远的彗星的爆发现象。

人们对遥远的彗星能发生如此激烈的活动感到疑惑。英国天文学家休斯认为，很可能是一颗直径 2.6～60 米的小行星横向"袭击"了哈雷彗星，使得大约 1400 万吨尘埃（相当于哈雷彗星总质量的 0.02％）撒向太空。但休斯的假说遇到了疑难，首先是在土星与天王星轨道之间，迄今只发现过 3 颗小行星，其中最小的也比哈雷彗星要大 5000 倍。但休斯认为，太阳系有许多直径在 60 米以内的小天体，它们在土星轨道附近时的亮度只有 30 星等，连哈勃空间望远镜也难以探测到，但不能因此就忽略它们。

许多天文学家不赞同休斯的说法。彗星专家马斯登说，彗星是不稳定的天体，只要有很少一点阳光照在它们的裂隙上，就可能引起物质蒸发和逃逸。休斯和马斯登都认为只有观测到更多遥远彗星的爆发现象后，才能下定论。

如果休斯的猜测是事实，那么 2061 年哈雷彗星再度回归时，航天器将会看到它的表面有个约 2000 米长短的"新"伤痕。

另外，还有两位美国天文学家从另一个角度解释了这次哈雷彗星的爆发。他们认为是太阳耀斑的激波撼碎了哈雷彗星薄弱的外壳，致使彗星的尘埃大量外逸。行星际的激波早就被"先锋 10 号"飞船在离太阳 40 天文单位以外探测到。金星探测器也观测到多次太阳耀斑引起了激波。1991 年 1 月 31 日，太阳上出现了特大耀斑，据说这次耀斑产生的强激波于两星期后抵达哈雷彗星，引起了一场大爆发。

总之，关于哈雷彗星爆发之谜，是由于太阳风暴激发引起，还是与小行星碰撞引起，还

哈雷彗星

是另有他故，目前还无法下定论，需要进一步的观测、探索。

难解的流星声音

几百年来，有不少观察者都谈到他们曾遇到听见流星发出声音的情景，他们描述流星发出的声音各不相同，有些人说像听到遥远的撞击声或超声速飞机发出的声音，另一些人说像听到爆音或破裂声，还有一些人说像咝咝声或沙沙声。

坠入稠密大气层的天体发出的声音就是这样的声音，任何物理规律都不能禁止这样的声音，但是最主要的困难问题是：谁"听到"的流星可以证实正是其他人"听到"的同一颗流星。而这完全是一种违反公认标准的意见。

众所周短，声音速度大约为 340 米/秒，稠密大气层开始于几十千米高空，因而流星发出的声音不会静止在这稠密大气层中，即在流星飞过与声音传到地面之间需要几分钟时间。流星越往下坠就发出越响的声音，但是反正会有某种停顿——就像闪电和雷鸣一样。

认真的科学家在几百年里给观察者进行了耐心细致的解释，至今没有任何一件记录关于"听到"流星声音真正存在的证据。

很多人试图设法解释流星声音之说，例如澳大利亚人科林·凯伊曾提出这样一种理论，将"听到"流星声音的奇怪现象解释为：在流星进入稠密大气层时流星开始与地球磁场相互作用，并辐射超长无线电波，而无线电波会

流星雨盛况

以光速传播，因此能与流星产生的光一起到达地球表面。在地球上超长无线电波迫使植物和其他物体振动，于是就产生了所谓的流星声音。

克罗地亚物理协会和美国肯塔基州大学研究小组决定对流星声音之说进行验证，为此他们在 1998 年期待列奥尼达流星雨降临时，去远离城市噪声和其他噪声的蒙古草原观察流星雨，并带上灵敏的声音记录仪和超长波段的无线电接收机。最后，研究人员将自己的观察结果发表在新一期的专业杂志上，在历史上首次成功地两次记录下流星以及流星发出声音的同步飞行，但是当时却没有记录到任何无线电信号。

换句话说，凯伊的观点看来是错误的，因为在流星下坠时并没有辐射无线电波。现已十分清楚，流星下坠时发出的声音是同时与光一起飞抵地球的。

持怀疑态度的流星研究人员能回想起过去几个世纪出现的一种流行解释，即用简单的巧合来解释发生的一切：列奥尼达是非常强的流星雨，完全有可能，一颗流星发出的光和另一颗流星发出的声波会同时坠落到蒙古草原上。

地球发展史的彗星灾变说

英国爱丁堡皇家天文台的两位天文学家克拉勃和内皮尔曾提出一种新的理论，他们认为地球也许每隔一段时间就会与宇宙空间的尘埃和流星发生撞击一次，从而引起规模巨大的严重灾变事件，对地球的发展史产生深远的影响。

当地球受到彗星或小行星袭击时，将会出现什么变化呢？让我们先来看看发生的事件吧。最有名的应是 1908 年 6 月 30 日早晨，发生在苏联西伯利亚叶尼塞河上游通古斯地区的一次大爆炸，即所谓的通古斯事件。近年来有人认为这次爆炸，就是由一次彗星撞击地球引起，而这颗彗星又可能是业已瓦解的恩克彗星的一部分。计算表明，如果彗星碎片总质量为 350 万吨，平均密度为 0.003 克/厘米^3，以 30° 的入射角和每秒 40 千

米的速度进入地球大气层，那就可以引发如同通古斯事件那种大规模的爆炸。

但太阳穿过或接近分子云时又可能出现什么样的结果呢？如果前述理论是正确的，那么每经过1亿年左右，即有大批彗星天体进入太阳系的范围，其中最大的彗核直径超过10千米，撞击速度可达30千米/秒。要是有这么一颗彗星到达地球，其后果的严重将是无法想象的。首先，彗星进入地球大气层内就会引起巨大的冲击波，可以一下子杀死半个地球上的全部生物。这时，空气温度上升到500℃左右。因落地撞击引起的阵风，在离撞击点2000千米处的风速仍可达2500千米/小时。结果，整个地球上空将会覆盖一层厚厚的尘埃幕布，太阳光线无法穿过它到达地面。这层尘埃云将会延续好几个月。另一方面，这颗巨大火流星中的一氧化氮会破坏大气中的臭氧层，因而在尘埃云最终沉积下来之后，地球表面就会直接受到太阳毒辣的紫外光照射，其强度是足以致人和其他动植物于死命的。此外，撞击时会引起全球性大地震，由此导致的陆地起伏一般可达10米。

地球表面大部分地区是海洋，所以彗星击中海洋的可能性也许更大一些，其后果同样是极其严重的。首先，溅落中心区部分可能产生高度达几千米的巨浪，即使在距离中心区1000千米处，大浪的高度还可以到达500米。涛涛巨浪最终将进入大陆架并冲上陆地。这时，地核中的内部流动情况受到急剧的干扰，并波及地球磁场，而这种磁场在扰动时，就可能引起各类生命的大批死亡。另一方面，原来支配大陆漂移的是一种缓慢的、带粘滞性的推进式运动。在彗星的猛烈撞击下，这种运动便会受到极大的干扰，结果引起板块大运动。地壳上会出现10~100千米宽的大裂缝。造山运动十分剧烈，同时引起火山普遍性地爆发，地球最后变得面目全非；一旦重新平息下来之时，其生物学和地球物理学环境已与撞击之前产生了天壤之别。

根据上述理论我们可以做出一项预言，那就是从银河系

的时间尺度来看，许多地球物理现象应该是间歇性的。不仅如此，地球上生命的大规模消亡应该与剧烈的造山运动和大规模火山爆发同时发生，而且应当是在地球磁场受干扰的时期之内发生。实际上不少史实也正说明了这一

1980 年，圣海伦斯火山喷发

点。比如：恐龙灭亡的时间与地质史上最大规模的火山爆发开始时期相一致，而且在这之前约 500 万年出现了持续时间长达 2000 万年的地磁扰乱。在二叠纪至三叠纪间的生物大规模绝灭期内，有 96％的海洋生物突然死亡，它同样也发生在一场地磁场扰乱期内。这些是不能用偶尔一次彗星对地球的撞击所能解释的，而正好同上面有关彗星对地球大规模轰击的推测相一致。

美国加州大学最近的研究又从另一侧面证实了上述理论的预见：进行这项研究的小组人员在意大利约 6500 万年前的沉积层中，发现了稀有元素铱，且含量高得出奇。后来又在地球上其他几十个地方发现了同样的事情。要知道，铱在地球上含量极少，可是在天外来客——小行星中含量却很高，从而一种合理的解释就是：在那个时期发生过一次阿波罗型小行星撞击地球的大灾变，而恐龙在瞬时、迅速地灭亡也正好发生在那段时间。

从另一个方面把时间拉近一点来看，目前在阿波罗型小行星轨道上的行星际尘埃、火流星活动以及流星群都是十分丰富的。这些说明了在过去的几千年内，地球的上空是极其活跃的。在 4000～5000 年前，有一颗大彗星在穿过地球轨道时瓦解了，而我们今天所观测到的陨星之类的天体只不过是过去年

198

代那些更大彗星碎片的遗迹而已。

科学发展是无穷无尽的。所以我们根本没有必要在今天为几千年后可能所面临的来自天外的袭击、或者几千万年后可能发生超大规模彗星陨落的事件而去杞人忧天。毫无疑问，从自然界中诞生发展起来的人类，终将会在世代交替的无穷过程中找到征服宇宙自然的途径。而在这一过程中，地球发展史的彗星灾变说也会最终得到检验。